物联网工程技术丛书

物联网技术入门与实践

袁　明　钟燕华　主　编
陈小红　陈　萍　李　立　副主编

清华大学出版社
北　京

内 容 简 介

本书以物联网技术技能要求为主线，分别从硬件技术、软件技术、传感器技术、射频识别技术及通信技术等方面进行了理论和实践知识的阐述，以开源软件 Arduino 为实践平台。

本书既可以作为高职高专、应用型本科物联网应用技术及相关专业的专业基础课程教材，也可以作为物联网技术及开源创客爱好者的入门学习资料。

图书在版编目(CIP)数据

物联网技术入门与实践/袁明，钟燕华主编. —北京：清华大学出版社，2018(2023.9重印)
(物联网工程技术丛书)
ISBN 978-7-302-49973-2

Ⅰ. ①物… Ⅱ. ①袁… ②钟… Ⅲ. ①互联网络—应用 ②智能技术—应用 Ⅳ. ①TP393.4 ②TP18

中国版本图书馆 CIP 数据核字(2018)第 067442 号

责任编辑：刘翰鹏
封面设计：傅瑞学
责任校对：刘　静
责任印制：宋　林

出版发行：清华大学出版社
网　　址：http://www.tup.com.cn，http://www.wqbook.com
地　　址：北京清华大学学研大厦 A 座　　**邮　　编**：100084
社 总 机：010-83470000　　**邮　　购**：010-62786544
投稿与读者服务：010-62776969，c-service@tup.tsinghua.edu.cn
质量反馈：010-62772015，zhiliang@tup.tsinghua.edu.cn
课件下载：http://www.tup.com.cn，010-83470410
印 装 者：三河市龙大印装有限公司
经　　销：全国新华书店
开　　本：185mm×260mm　　**印　　张**：9　　**字　　数**：204 千字
版　　次：2018 年 6 月第 1 版　　**印　　次**：2023 年 9 月第 7 次印刷
定　　价：27.00 元

产品编号：077750-01

FOREWORD

前言

自 2009 年 8 月时任国务院总理温家宝提出“感知中国”概念以来，物联网已被正式列为国家五大新兴战略性产业之一，写入“政府工作报告”。物联网在中国受到了全社会极大的关注，其应用范围几乎覆盖了各行各业。目前，物联网已经成为全球信息通信行业的万亿元级新兴产业，预计到 2020 年，全球接入物联网的终端将达到 500 亿个。物联网技术的运用，使得数以万亿计的各类终端的实时动态管理变得可能。我国作为全球互联网大国，未来将围绕物联网产业链，打造全球产业高地。培养物联网应用人才和服务物联网发展的岗位人才，是新经济时代高等职业院校和物联网专业发展的机会与挑战。

本书定位是高职高专及应用型本科物联网应用技术及相关专业的专业基础课程的教材，也可作为物联网技术及开源创客爱好者的入门学习资料。全书结构主要包括理论和实践两条线，理论部分以物联网技术技能要求为主线，分别从硬件电路技术、软件开发技术、传感器技术、射频识别技术及通信技术等方面系统地进行了知识和案例的阐述。实践部分以开源项目 Arduino 为软硬件开发平台，除第 1 章外均配套相应的实践项目供读者实际体会物联网技术的应用，并通过二维码扫描观看方式提供了实践项目视频。本书配套提供所有章节的 PPT 电子课件、习题答案及实践项目的视频资料和源代码。作为物联网技术及相关专业的专业基础课程的教材，本书编写的宗旨是使相关专业学生尽快熟悉物联网的核心软硬件技术，能运用简化的物联网终端设备搭建简单的物联网系统，为后期学习奠定知识和技能基础，培养具有扎实理论基础和熟练实践能力的物联网技术从业人员。

本书由上海震旦职业学院物联网应用技术专业组织有关教师和行业从业人员编写，由袁明、钟燕华任主编，陈小红、陈萍、李立任副主编，袁明负责全书统稿，理论部分第 1 章由陈萍执笔，第 2 章、第 3 章由钟燕华执笔，第 4 章、第 5 章由陈小红执笔，第 6 章由李立执笔，第 7 章由刘伟杰执笔，实践项目的设计、编写及视频录制由袁明和刘伟杰负责。本书实践项目的设计和开发得到了来自美国加州浸会大学 Larry Celement 教授和众多物联网行业专家的大力支持，在此一并表示衷心的感谢。

由于编者水平有限，书中难免存在欠妥之处，敬请广大读者批评指正，在此表示感谢。

需要获取电子课件、实践项目视频及源代码等配套资源的，可与出版社联系或直接联系编者，编者的电子邮箱地址是 m. yuan@aurora-college. cn。

编　者

2018 年 1 月

CONTENTS

目录

第1章 物联网技术概述

物联网的英文名称是 Internet of Things，顾名思义，物联网是事物与事物联系在一起的感知装置，是实现人与人、人与物、物与物互联的网络。这其中包含两层含义：①事物的核心与基础仍然是互联网，是在扩展和延伸基础上的互联网；②用户端可扩展到任何对象之间，进行信息交换和通信。因此，物联网就是通过 RFID、红外线、传感器、GPS、激光扫描仪等信息感应设备，按约定协议，在任何连接到互联网的物体间进行信息交换和通信，实现物体识别智能化、定位、跟踪、网络监控和管理的系统。

物联网是在互联网概念的基础上，将其用户端延伸、扩展到任何物品与物品之间，进行信息交换和通信的一种网络概念。这里对互联网和物联网作一个简单的比较。互联网，又称因特网、网际网、万维网，其核心技术是计算机技术、网络技术、信息加工和应用计数等，其主要行业有通信业、制造业和服务业、计算机制造、软件、集成电路、微电子等。物联网又称为感知网、智慧地球的意思，其核心技术是 IPv6 技术、云计算技术、传感技术、RFID 智能识别技术、无线通信技术等，其主要产业是微纳传感产业、RFID 产业、光电子产业、无线通信产业、物联网运营产业等。

1.1 物联网相关概念与发展

物联网的概念最先由美国麻省理工学院(MIT)的自动识别实验室在 1999 年提出。国际电信联盟(ITU)从 1997 年开始每一年出版一本世界互联网发展年度报告，其中，2005 年度报告的题目是《物联网》(*The Internet of Things*，*IoT*)。2005 年，在突尼斯举行的信息社会世界峰会(WSIS)上，ITU 发布的报告系统地介绍了意大利、日本、韩国与新加坡等国家的案例，并提出“物联网时代”的构想。世界上的万事万物，小到钥匙、手表、手机，大到汽车、楼房，只要嵌入一个微型的射频标签芯片或传感器芯片，通过互联网就能够实现物与物之间的信息交互，从而形成一个无所不在的“物联网”。物联网概念的兴起，在很大程度上得益于 ITU 的互联网发展年度报告，但是 ITU 的报告并没有对物联网进行一个清晰定义。

在理解物联网的基本概念时，需要注意以下几个问题。

(1) 物联网是各种感知技术的广泛应用。物联网上部署了海量的多种类型传感器，每个传感器都是一个信息源，不同类别的传感器所捕获的信息内容和信息格式不同。传感器获得的数据具有实时性，按一定的频率周期性地采集环境信息，并不断更新数据。

(2) 物联网是一种建立在互联网上的泛在网络。物联网技术的重要基础和核心仍旧是互联网，通过各种有线网络和无线网络与互联网融合，将物体的信息实时准确地传递出去。在物联网上的传感器定时采集的信息需要通过网络传输，由于其数量极其庞大，形成了海量信息，在传输过程中，为了保障数据的正确性和及时性，必须适应各种异构网络和协议。

(3) 物联网不仅仅提供了传感器的连接，其本身也具有智能处理的能力，能够对物体实施智能控制。

物联网将传感器和智能处理相结合，利用云计算、模式识别等各种智能技术，扩充其应用领域。从传感器获得的海量信息中分析、加工和处理出有意义的数据，以适应不同用户的不同需求，发现新的应用领域和应用模式。

1.1.1 物联网的定义

提出物联网(The Internet of Things)这个概念的，被认为是比尔·盖茨，他在著作《未来之路》中首次提到了"物联网"。截至目前，总体上物联网还处于一个概念和研发的阶段。关于物联网的定义还比较混乱，物联网的一些重大共性问题，如构架、标识、编码、安全及标准等也未得到很好的解决，并未在全球达成共识。

定义一：把所有物品通过射频识别(RFID)和条码等信息传感设备与互联网连接起来，实现智能化识别和管理。

早在 1999 年，这个概念由美国麻省理工学院的 Auto-ID 研究中心提出。RFID 可谓早期物联网最关键的技术和产品环节，当时认为物联网最大规模、最有前景的应用是在物流领域，利用 RFID 技术通过互联网实现物品的自动识别，以及信息互联和共享。

定义二：2005 年国际电信联盟在 *The Internet of Things* 报告中对物联网的概念进行了扩展，提出任何时刻、任何地点、任何物体之间的互联无所不在的网络和无所不在的计算机发展愿景，除 RFID 技术外，传感器技术、纳米技术、智能终端技术等都将得到更加广泛的应用。严格意义上讲，这不是物联网的定义，而是关于物联网的一个描述，如图 1-1 所示。

定义三：物联网是未来 Internet 的一个组成部分，可以被定义为基于标准的可互操作的通信协议，且具有自配置能力的动态的全球网络基础构架。物联网中的"物"具有标识的物理属性和实质的个性使用智能接口，实现与信息网络的无缝整合。

这个定义来自欧盟的第七框架下的 RFID 和物联网研究项目的一个报告 *The Internet of Things Strategic Research Roadmap*(2009 年 9 月 15 日)，该报告研究的目的在于 RFID 和物联网的组网与协调各类资源。

定义四：由具有标识虚拟个性的物体和对象所组成的网络，这些标识和个性，使用智能的接口与用户、社会、环境的上下文进行互联和通信。

这个定义来自欧洲智能系统集成技术平台(EPoSS)的报告 *The Internet of Things*

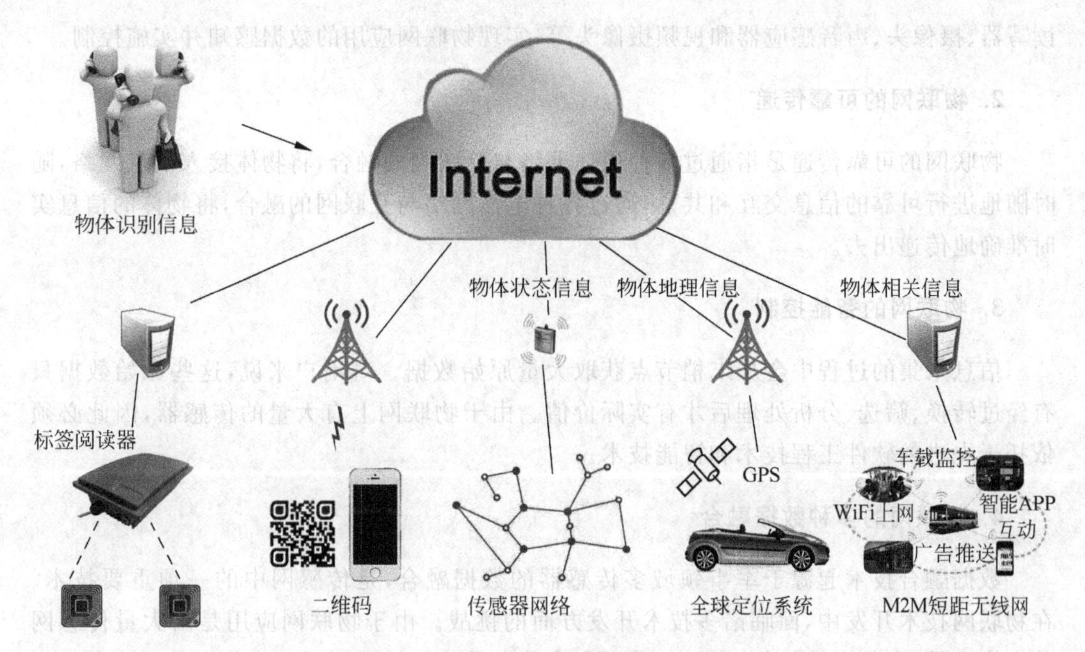

图 1-1　物物互联的网络

in 2020(2008 年 5 月 27 日),该报告分析了物联网的发展,认为 RFID 和相关知识是未来物联网的计时,因此应更加侧重于 RFID 技术应用和处理的智能化。

从以上定义可以看出,物联网存在两种技术：IOT 和 CPS。IOT 是利用现有的互联网的网络构架,在全球建设一个庞大的物品信息交换网络,使所有参与物流的物品都具有唯一的商品电子码,使物品能够在网络上被准确定位和追踪,并且为每项物品建设一套完整的电子履历,可实现产品的智能化识别、定位、追踪、监控和管理。CPS 是一个综合计算,网络和物理环境的多维复杂系统,通过 3C 技术的有机融合与深度协作,实现现实世界与信息世界的相互作用提供实时感知、动态控制和信息反馈等服务。CPS 具有自适应性、高效性、可靠性、安全性等特点和要求。通过人机交互接口实现物理进程的交互,使用网络化空间可以用远程、可靠、实时、安全、协作的方式操控一个物理实体。

综上所述,物联网是新一代信息技术的重要组成部分,是互联网的用户端延伸和扩展到任何物品与物品之间进行信息交换和通信的网络。

1.1.2　物联网的特点

物联网把新一代 IT 技术充分运用在各行各业中,就是把传感器嵌入各种物体中,把现有的物体整合起来,实现人类与物理系统的整合,提高资源利用率和生产水平,改善人与自然之间的关系。物联网的特点总结如下。

1. 物联网的全面感知

物联网正是通过遍布在各个角落和物体上的各种类型的传感器感知这个物质世界的。感知层的主要功能是信息感知与采集,主要包括二维码标签和识读器、RFID 标签和读写器、摄像头、声音感应器和视频摄像头等，实现物联网应用的数据感知并实施控制。

2. 物联网的可靠传递

物联网的可靠传递是指通过各种通信网络与互联网的融合，将物体接入信息网络，随时随地进行可靠的信息交互和共享，通过各种电信网络与互联网的融合，将物体的信息实时准确地传递出去。

3. 物联网的智能控制

信息采集的过程中会从末梢节点获取大量原始数据。对用户来说，这些原始数据只有经过转换、筛选、分析处理后才有实际价值。由于物联网上有大量的传感器，因此必须依托于先进的软件工程技术和智能技术。

4. 物联网的多种数据融合

数据融合技术起源于军事领域多传感器的数据融合，是传感网中的一项重要技术。在物联网技术开发中，面临诸多技术开发方面的挑战。由于物联网应用是由大量传感网节点构成的，在信息感知的过程中，采用各个节点单独传输数据到汇聚节点的方法是不可行的，需要采用数据融合与智能技术进行处理。因为网络中存在大量冗余数据，会浪费通信带宽和能量资源，还会降低数据的采集效率和及时性。

1.1.3 物联网的发展

物联网是继计算机、互联网与移动通信之后的下一个产值可以达到万亿元级别的新经济增长点。物联网的发展必然要形成一个完整的产业链，并能够提供更多的就业机会。物联网的产业链应该包括三部分：以集成电路设计制造、嵌入式系统为代表的核心产业体系，以网络、软件、通信、信息安全产业和信息服务业为代表的支撑产业体系，以及以数字地球、现代物流、智能交通、智能环保、绿色制造等为代表的直接面向应用的关联产业体系。

美国咨询机构 FORRESTER 预测，到 2020 年，物联网上物与物互联的信息量和人与人的通信量相比将达到 30∶1。由物联网应用带动的 RFID、WSN 技术，以及互联网、无线通信、软件技术、芯片与电子元器件产业将会发展成为一个上万亿元规模的高科技市场。

中关村物联网产业联盟、长城战略咨询联合发布的《物联网产业发展研究(2010)》报告描绘了一幅中国物联网产业发展的路线图：在 2010—2020 年的 10 年中，中国物联网产业将经历应用创新、技术创新和服务创新三个关键的发展阶段，成长为一个超过 5 万亿元规模的巨大产业。报告指出，我国物联网产业未来发展有四大趋势：细分市场递进发展、标准体系渐进成熟、通用性平台将会出现、技术与人的行为模式结合促进商业模式创新。报告也指出了促进物联网产业发展的三个关键问题：制定统一的发展战略和产业促进政策、构建开放构架的物联网标准体系、重视物联网在中国制造与发展绿色低碳经济中的战略性应用。总之，物联网的推广和应用将会成为 21 世纪推进经济发展的又一个助推器,同时也为信息技术与信息产业展示了一个巨大的发展空间。

从长远技术发展的观点看,互联网实现了人与人、人与信息、人与系统的融合,物联网则进一步实现了人与物、物与物的融合,使人类对客观世界具有更透彻的感知能力,更全面的知识能力,更智慧的处理能力。这种新的思维模式在提高人类的生产力、效率、效益的同时,可以改善人类社会发展与地球生态和谐及可持续发展的关系,互联化、物联化与智能化的融合最终会形成"智慧星球"。

1.2 物联网体系构架

物联网属于新兴的信息网络技术,将会对IT产业发展起到巨大的推动作用。然而,由于物联网尚处在起步阶段,还没有一个广泛认同的体系结构。在公开发表物联网应用系统的同时,很多研究人员也提出了若干物联网体系结构。例如,万维网的体系结构,它定义了一种面向应用的物联网,把万维网服务嵌入系统中,可以采用简单的万维网服务形式使用物联网。这是一个以用户为中心的物联网体系结构,试图把互联网中成功的面向信息获取的万维网结构移植到物联网上,用于物联网的信息发布、检索和获取。当前,较具代表性的物联网构架有欧美支持的EPC Global物联网体系构架和日本的Ubiquitous ID(UID)物联网系统等。我国也积极参与了物联网体系结构的研究,正在积极制订符合社会发展实际情况的物联网标准和构架。

1.2.1 物联网技术构架

从技术架构上来看,物联网可分为三层:感知层、网络层和应用层,如图1-2所示。

图1-2 物联网技术构架

(1) 感知层由各种传感器以及传感器网络构成,包括温度传感器、湿度传感器、二维码标签和识读器、RFID标签和读写器、摄像头、GPS等各种感知终端。它可以部署到世界上任何位置,任何环境之中被感知和识别的对象也不受限制。感知层的主要作用是感知和识别对象,采集并捕捉信息。

(2) 网络层由各种私有网络、互联网、有线和无线通信网、网络管理系统和云计算平台等组成。它可以依托公众电信网和互联网，也可以依托行业专业通信网。网络层主要负责传递和处理感知层获取的信息。

(3) 应用层是互联网和用户(包括人、组织和其他系统)接口，它与行业专业技术需求相结合，实现广泛的智能化，物联网应用解决方案。

1.2.2 物联网技术体系框架

物联网通过各种信息传感设备及系统、条码与二维码、全球定位系统，按照约定的通信协议物物相连，进行信息交换。物联网的主要特征是每一个物件都可以寻址，每一个物件都可以控制，每一个物件都可以通信。IBM 在多年的研究中提炼出了 8 层的物联网参考构架：传感器/执行器、传感网络、传感网关层、广域网络层、应用网关层、服务平台层、应用层、分析与优化层。

1.2.3 物联网标准化

随着传感器、软件、网络等关键技术迅猛发展，传感网产业规模快速增长，应用领域广泛拓展，带来信息产业发展的新机遇。我国对传感网发展也高度重视，《国家中长期科学与技术发展规划纲要(2006—2020 年)》和"新一代宽带移动无线通信网"重大专项中均将传感网列入重点研究领域。国内相关科研机构、企事业单位积极进行相关技术的研究，经过长期艰苦努力，攻克了大量关键技术，取得了国际标准制定的重要话语权，传感网发展具备了一定产业基础，在电力、交通、安防等相关领域的应用也初见成效。工业和信息化部将通过制定科学的产业政策、技术政策和业务政策，加强对传感网的产业指导和政策引导，努力为传感网发展创造良好的政策环境和市场环境。

标准作为技术的高端，对我国传感网产业的发展至关重要。目前，我国传感网标准体系已形成初步框架，向国际标准化组织提交的多项标准提案被采纳，传感网标准化工作已经取得积极进展。经国家标准化管理委员会批准，全国信息技术标准化技术委员会组建了传感器网络标准工作组。标准工作组聚集了中国科学院、中国移动通信集团公司等国内传感网主要的技术研究和应用单位，积极开展传感网标准制订工作，深度参与国际标准化活动，旨在通过标准化为产业发展奠定坚实技术基础，如图 1-3 所示。

1.3 物联网应用技术

物联网的发展应以应用为导向，在物联网的环境下，服务的内涵将得到革命性的扩展，不断涌现的新型应用将使物联网的服务模式与应用开发受到巨大挑战，随着数据的快速增长，有大规模、海量的数据需要处理，云计算(Cloud Computing)的概念应运而生。物联网将把新一代 IT 技术充分运用到各行各业当中。具体地说，就是把感应器嵌入电网、铁路、桥梁、隧道、公路、建筑、供水系统、大坝、油气管道和商品等各个物体中，然后将物联网与现有的互联网结合起来，实现人类社会与物理系统的整合。在这个整合的网络当中，存在能力超级强大的中心计算机群，能够对整合网络内的人员和设备实施实时管理和控制。在此基础上，人类可以更加精细和动态的方式管理生产与生活，将极大提高资源利用

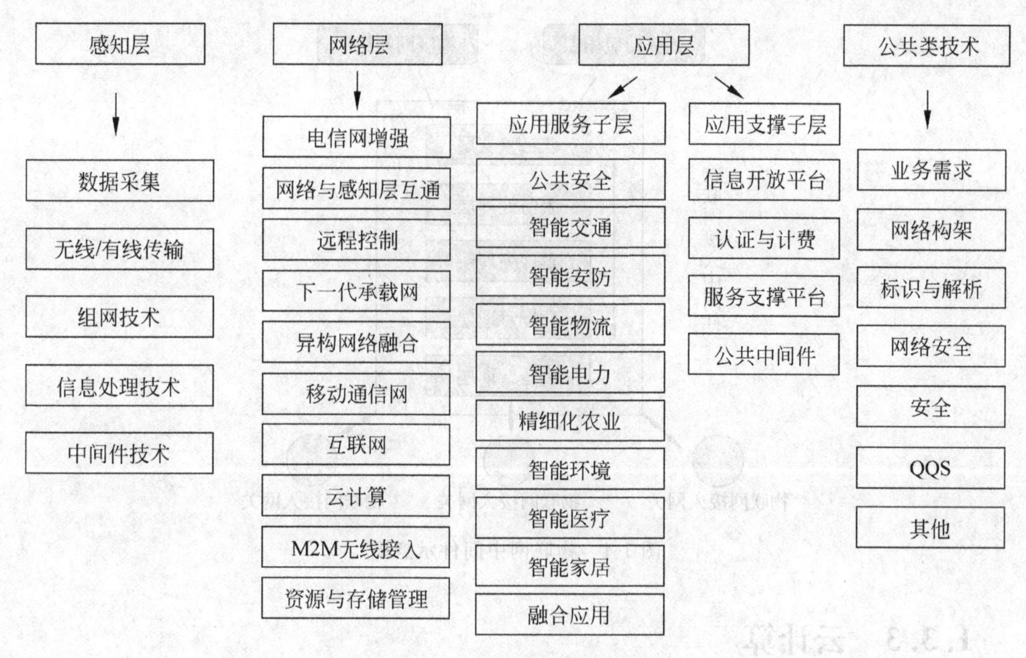

图1-3 物联网技术体系框架

率和生产力水平。

1.3.1 物联网中间件

物联网产业发展最终目的就是带来实际的应用，而软件和中间件是做好应用的关键与核心。根据物联网的定义，任何末端设备和智能物件只要潜入了芯片与软件都是物联网的连接对象，可以说所有嵌入式软件都是直接或间接地为物联网服务。

从本质上看，物联网中间件是物联网应用的共性需求，已存在各种中间件和信息处理技术，包括信息感知技术、下一代网络技术、人工智能与自动化技术的聚合提升。根据物联网分层体系结构，其涉及的中间件如图1-4所示。

1.3.2 M2M

M2M是机器对机器通信（Machine to Machine）或者人对机器通信（Man to Machine）的简称。主要是通过网络传递信息，从而实现机器对机器或人对机器的数据交换，也就是通过通信网络实现机器之间的互联互通。移动通信网由于其网络的特殊性，终端不需要人工布线，可以提供移动性支撑，有利于节约成本，并可以满足危险环境下的通信需求，所以移动通信网作为承载的M2M服务得到了业界的广泛关注。

M2M作为物联网在现阶段最普通的应用形式，在欧洲、美国、韩国、日本等国家实现了商业化应用，主要应用在安全监测、机械服务和维修业务、公共交通系统、车队管理、工业及城市信息化等领域。提供M2M业务的主流运营商包括英国的BT和Vodafone、德国的T-Mobile、日本的NTT-DoCoMo、韩国的SK等。中国的M2M应用起步较早，目前正处于快速发展阶段，各大运营商都在积极研究M2M技术，拓展M2M的应用市场。

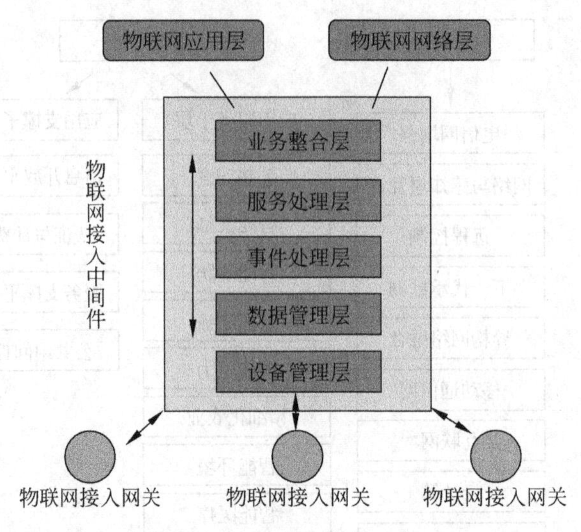

图 1-4 物联网中间件示意图

1.3.3 云计算

云计算是一种新近提出的计算模式，维基百科是这样给云计算下定义的：云计算将 IT 相关的能力以服务的方式提供给用户，允许用户在不了解提供服务的技术、没有相关知识以及设备操作能力的情况下，通过 Internet 获取需要的服务。云计算是一种网络应用模式，由 Google 首先提出，其基本概念是通过网络庞大的计算处理程序自动分拆成无数个较小的子程序，再交由多台服务器所组成的庞大系统，经搜寻、计算分析之后将处理结果回传给用户。云计算是以虚拟化技术为基础，以网络为载体，提供基础构架、平台、软件等服务为形式，整合大规模可扩展的计算、存储、数据、应用等分布式计算资源进行协同工作的超级计算模式。云计算是并行计算（Parallel Computing）、分布式计算（Distributed Computing）和网格计算（Grid Computing）的发展，或者说是这些计算科学概念的商业实现。云计算是虚拟化（Virtualization）、效用计算（Utility Computing）、将基础设施作为服务（Infrastructure as a Service，IaaS）、将平台作为服务（Platform as a Service，PaaS）和将软件作为服务（Software as a Service，SaaS）等概念混合演进并跃升的结果，如图 1-5 所示。

1.3.4 全球定位

全球定位又称全球卫星定位系统（Global Positioning System，GPS），是具有海、陆、空全方位实时三维导航与定位能力的新一代卫星导航与定位系统。GPS 作为移动感知技术，是物联网延伸到移动物体采集移动物体信息的重要技术，更是物流智能化、智能交通的重要技术，其最早是由美国国防部自 20 世纪 70 年代开始研制的一种全天候、空间基准的导航系统，可满足位于全球任何地方或近地空间的军事用户连续精确地确定三维位置和三维运动及时间的需要，目前已广泛应用于宇宙空间、航空、航海、铁路、公路、环境、农业、公共安全与灾难救援、勘测和测绘地图、汽车导航等领域，具有全天候不受任何天气

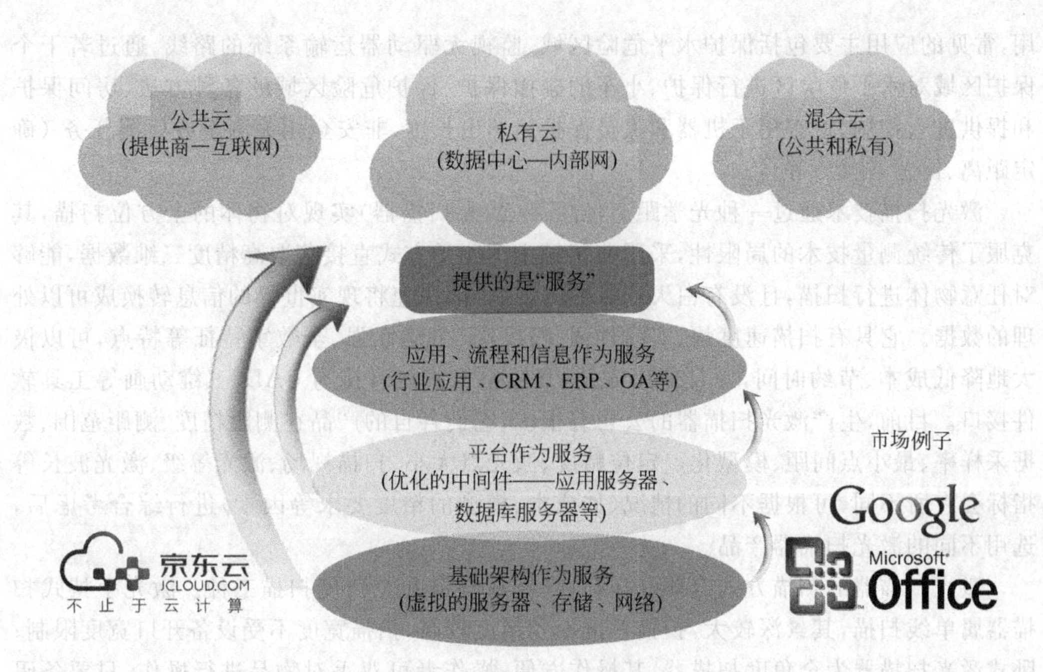

图 1-5　云计算应用构架图

的影响、全球覆盖(高达 98%)、七维定点定速定时高精度、快速省时高效率、应用广泛多功能、可移动定位等特点。

GPS 由空间部分、地面控制部分和用户终端设备三个部分组成。

空间部分的 GPS 卫星星座是由均匀分布在 6 条轨道平面上的 24 颗卫星组成,卫星轨道与卫星围绕地球运行一周的时间需经过精心计算和控制,从而保证地面的接收者在任何时候最少可以见到 4 颗卫星,最多可以见到 11 颗卫星。

地面控制部分承担着两项任务,一是控制卫星运行状态与轨道参数；二是保证星座上所有卫星的时间基准的一致性。地面控制部分由 1 个主控站、5 个全球监测站和 3 个地面控制站组成。

用户终端设备即 GPS 接收机。为了准确地定位,GPS 接收机通过接收卫星发送的信号,从解调出的卫星轨道参数获取精确的时钟信息,通过判断卫星信号从发送到接收的传播时间测算出观测点到卫星的距离,然后根据到不同卫星的距离计算出自己的位置。

GPS 在定位服务中起到了主导作用,但其缺点也是显而易见的。例如,GPS 接收机在开机后到进入稳定工作状态需要 3～5 分钟,因为 GPS 接收机至少需要找到 3 颗卫星之后才能够提供位置信息。另外,在物联网技术室内环境的应用中,GPS 接收机不能稳定地接收卫星信号也是普遍存在的一个问题。除了 GPS 技术外,目前物联网领域还广泛应用了基于移动通信基站、无线局域网 WiFi、RFID、无线传感器网络等定位技术。

1.3.5　激光扫描

激光扫描技术是一种新兴空间信息获取技术。作为获取空间数据的有效手段,激光扫描技术以快速、精确、无接触测量等优势在包括物联网在内的众多领域发挥着重要作用，常见的应用主要包括保护水平危险区域、监视无驱动器运输系统的路线、通过若干个保护区域对水平危险区进行保护、小车的碰撞保护、保护危险区域的各种方法、房间保护和提供进入控制、检查用于机器和人员保护地伸出长度、非安全相关测量或检测任务（确定距离、位置、轮廓）等。

激光扫描技术通过一种光学距离传感器（激光扫描器）实现对物体的全方位扫描，其克服了传统测量技术的局限性，采用非接触主动测量方式直接获取高精度三维数据，能够对任意物体进行扫描，且没有白天和黑夜的限制，能快速将现实世界的信息转换成可以处理的数据。它具有扫描速度快、实时性强、精度高、主动性强、全数字特征等特点，可以极大地降低成本、节约时间，而且使用方便，其输出格式可直接与CAD、三维动画等工具软件接口。目前，生产激光扫描器的公司有很多，它们各自的产品在测距精度、测距范围、数据采样率、最小点间距、模型化点定位精度、激光点大小、扫描视场、激光等级、激光波长等指标会有所不同，可根据不同的情况（如成本、模型的精度要求等因素）进行综合考虑后，选用不同的激光扫描器产品。

激光扫描器的扫描方式有单线扫描、光栅式扫描和全角度扫描三种。激光手持式扫描器属单线扫描，其景深较大，扫描首读率和精度较高，扫描宽度不受设备开口宽度限制；卧式激光扫描器为全角度扫描器，其操作方便，操作者可双手对物品进行操作，只要条码符号面向扫描器，不管其方向如何，均能实现自动扫描，超级市场大都采用这种设备。

激光扫描器的工作原理：当用户触动电源开关或相应的设备使扫描器通电后，VLD发出的红光激光束穿过扩束透镜被扩束，射到可摆动的反射镜表面反射到条码上形成一个激光点。当反射镜摆动时，根据光学反射原理，条码上的激光点位置发生变化、反射镜连续摆动，那么会在条码上看到一条红色的激光线，这是视觉暂留现象所致。条码的表面较粗糙，照在条码上的激光点发生反射，条和空的反射强度是不同的，漫反射的光射到反射镜上，再由反射镜反射向集光器，由集光器集光，由滤光镜滤掉杂散自然光射入光敏二极管，产生光电感应信号，再经放大，整形译码，变成有用信息，传输到主机中。

1.4 物联网安全

物联网的应用，使人与物的交互更加方便，给人们带来了诸多便利，但在物联网的应用中，如果网络安全无保障，那么个人隐私等信息随时都可能被泄露，而且为黑客提供了远程控制他人物品，甚至操纵城市供电系统，从而夺取商场管理权限的可能性，因此不可否认物联网在信息安全方面存在很多问题。根据物联网的上述特点，其除了面对一定通信网络的传统网络安全问题之外，还存在着一些与已有移动网络安全不同的特殊安全问题，这是由于物联网是由大量设备构成的，相对缺乏人的管理和智能控制。这些安全问题主要体现在以下几个方面。

1. 传感器的本体安全问题

物联网之所以可以节约人力成本，是因为其大量使用传感器来标识物品设备，由人和机器远程控制它们来完成一些复杂、危险和机械的工作。攻击者可以轻易接触到这些设备,针对这些设备或上面的传感器本体进行破坏,或者通过破译传感通信协议对它们进行非法操控。如果国家一些重要机构依赖于物联网,那么攻击者可通过对传感器本体的干扰,影响其标识设备的正常运行。例如,电力部门是国民经济发展的重要部门,在远距离输电过程中有许多变电设备可通过物联网进行远程操控,在无人变电站附近,攻击者可非法使用红外装置来干扰这些设备上的传感器,如果攻击者更改设备的关键参数,那么后果不堪设想。

通常情况下,传感器功能简单,携带能量少,这使得它们无法拥有复杂的安全保护能力,而物联网设计的通信网络多种多样,它们的数据传输和信息也没有特定的标准,所以无法提供统一的安全保护体系。

2. 核心网络的信息安全问题

互联网的核心网络应当具有相对完整的安全保护能力,但是物联网中节点数量庞大,而且群方式会导致在数据传输时,由于大量机器的数据发送而造成网络拥塞。现有通信网络是面向连接的工作方式,物联网的广泛应用,必须解决地址空间和网络安全标准等问题。从现状看,物联网对其核心网络的要求,特别是在可信、可知、可管和可控等方面远远高于目前的 IP 网所提供的能力,因此物联网必定会为其核心网络采用数据分组技术。

此外,现有通信网络的安全构架是从人的通信角度设计,并不完全适用于机器间的通信,使用现有的互联网安全机制会割裂物联网机器间的逻辑关系,庞大且多样化的物联网核心网络必然需要一个强大的安全管理平台,否则对物联网系统中的物品、设备和日志的安全问题管理将成为新的问题,并且由此可能会割裂各网络之间的信任关系。

3. 物联网的加密机制问题

互联网时代,网络传输的信息在传输过程中是可以加密的,但是其在经过的每个节点上都需要解密和加密,也就是说数据在每个节点都是明文。传输层的加密机制则是端到端的,即信息在发送端和接收端均是明文,而传输过程中途经的各个节点上均是密文。

加密机制只对必须受保护的链接进行加密,并且由于其在网络层进行,所以可以适用所有业务,即各种业务可以在同一物联网业务平台上尝试安全管理,从而做到安全机制对业务的透明。如果采用端到端的加密机制,可以根据不同的业务类型选择不同等级的安全保护策略,从而为高安全要求的业务制定高安全等级的保护,但是这种加密不对消费者的目的地址进行保护,这就意味着此加密机制不能掩盖传输信息的源地址和目的地址,并且容易受到网络嗅探而发起的恶意攻击。从国家安全的角度来说,此种加密机制也无法满足国家合法监听的安全需要。如何明确物联网中的特殊安全需要,考虑如何为其提供何种等级的安全保护,构架合理的适合物联网的加密机制亟待解决。

4. 其他安全问题

随着射频识别、传感器、GPS 定位以及通信网络等技术的不断发展和完善,物联网将在社会生活的各个领域得到充分应用。在此过程中,物联网本身的安全问题绝不容忽视,物联网时代的病毒、恶意软件将会更加强大,黑客不但能窃取数据信息还能操控日用物品、机器设备等。物联网的发展固然离不开技术的进步,但是更重要的是,应设计规范管理、安全等各个方面的配套法律法规,完善技术标准、安全体系的构架与建设。

1.4.1 信息安全

信息安全一直是困扰互联网发展的痼疾,在物联网时代,这个痼疾还将继续威胁其生存和发展。物联网中物与物、物与人之间的互联互通,通过信息采集和交换设备进行采集与传输,承载着大量的国家经济、社会互动和战略性资源,其信息安全和保护隐私等问题必须重点考虑与解决。如果物联网的安全问题得不到有效解决,我国的产业安全、经济安全,乃至国家安全都将被置于一个巨大的无底洞之中。因此,信息安全是我国未来物联网发展所面临的一个根本问题。

国际标准化组织(ISO)对信息安全的定义:在技术和管理上为数据处理系统建立的安全保护,保护计算机硬件、软件、数据不因偶然和恶意的原因而遭受到破坏、更改与泄露。

欧盟对信息安全的定义:在既定的机密条件下,网络和信息系统抵御意外事件与恶意行为的能力。这些事件和行为,将危及所存储和传输的数据以及由这些网络和系统所提供的服务的可能性、真实性、完整性和机密性。

我国学者对信息安全的定义:保护信息和信息系统不被未经授权的访问、使用、泄露和破坏,为信息和信息系统提供保密性、完整性、可用性、可控性和不可否认性。

信息安全主要包括5个方面的内容,即需保证信息的保密性、真实性、完整性、未授权复制和所寄生系统的安全性。信息安全本身包括的范围很大,其中包括如何防范商业企业机密泄露、防范青少年对不良信息的浏览、个人信息的泄露等。网络环境下的信息安全体系是保证信息安全的关键,包括计算机安全操作系统、各种安全协议、安全机制(数字签名、消息认证、数据加密等),直至安全系统,只要存在安全漏洞便会威胁全局安全。信息安全是指信息系统(包括硬件、软件、数据、人、物理环境及其基础设施)受到保护,不受偶然或者恶意的原因而遭到破坏、更改、泄露,系统连续、可靠、正常地运行,信息服务不中断,最终实现业务连续性。

信息安全学科可分为狭义安全与广义安全两个层次。狭义的信息安全是建立在以密码论为基础的计算机安全领域,早期中国信息安全专业通常以此为基准,辅以计算机技术、通信网络技术与编程等方面的内容;广义的信息安全是一门综合性学科,从传统的计算机安全到信息安全,不仅是名称的变更,更是对安全发展的延伸,安全不再是单纯的技术问题,而是将管理、技术、法律等问题相结合的产物。

1.4.2 无线传感器网络安全

20世纪90年代末,随着现代传感器、无线通信、现代网络、嵌入式计算、微机电系统、集成电路、分布式信息处理与人工智能等新兴技术的发展与融合,以及新材料、新工艺的出现使传感器技术向微型化、无线化、数字化、网络化和智能化方向迅速发展,由此研制出了各种具有感知、通信与计算功能的传感器,由大量安装在监测区域内的微型传感器节点构成的无线传感器网络(Wireless Sensor Networks,WSN),通过无线通信方式组网,形成一个自组织网络系统，具有信号采集、实时监测、信息传输、协同处理、信息服务等功能，能感知、采集和处理网络所覆盖区域中被感知对象的各种信息，并将处理后的信息传递给用户。WSN可以使人们在任何时间、任何地点和任何环境条件下，获取大量翔实、可靠的物理世界信息，这是具有智能获取、传输和处理信息功能的网络化智能传感器和无线传感器网，正在逐步形成IT领域的新兴产业，它可以广泛应用于军事、科技、环境、交通、医疗、制造、反恐、抗灾、家居等领域。

无线传感器网络系统是一个综合的、知识高度集成的前沿热点研究领域，正受到各方面的高度关注。美国国防部在2000年就把网络定位为五大国防建设领域之一，美国研究机构和媒体认为它是21世纪世界最具有影响力的高科技领域的四大支柱型产业之一，是改变世界的十大新兴技术之一。日本在2004年把传感器网络定位为四项重点战略之一。我国《国家中长期科学与技术发展规划纲要(2006—2020年)》中把智能感知技术、自组织网络与通信技术、宽带无线移动通信等技术列为重点发展的前沿技术。

1.4.3 RFID安全

RFID射频识别是一种非接触式的自动识别技术，它通过射频信号自动识别目标对象并获取相关数据，识别过程无须人工干预，可工作于各种恶劣环境。RFID技术与互联网、通信等技术相结合，可实现全球范围内物品跟踪与信息共享。

RFID的电子标签是一种把天线和IC芯片封装到塑料基片上的新型无源电子卡片，具有数据存储量大、无线无源小巧轻便、使用寿命长、防水防磁核安全防卫等特点，是近几年发展起来的新型产品，未来几年将代替条码技术，是物联网时代的关键技术之一。阅读器和电子标签之间通过电磁场感应进行能量与数据的无线传输，在PCE天线的可识别范围内，可能同时出现多张PICC卡，如何准确识别每张卡，是A型PICC卡的防碰撞技术要解决的关键问题。

RFID的技术标准主要由ISO和IEC制定，目前可供射频卡使用的集中射频技术标准有ISO/IEC 10536、ISO/IEC 14443、ISO/IEC 15693和ISO/IEC 18000。应用最多的是ISO/IEC 14443和ISO/IEC 15693，这两个标准都由物理特性、射频功率和信号接口、初始化和反碰撞及传输协议4部分组成。

RFID应用广泛，可能引发各种各样的安全问题。在一些应用中，非法用户可利用合法阅读器或者自构一个阅读器对标签实施非法接入，造成标签信息的泄露。在一些金融和证件等重要应用中，攻击者可篡改标签内容或复制合法标签，以获取个人利益或进行非法活动。在药物和食品等应用中，伪造标签，进行伪劣商品的生产和销售。实际中，应针对特定的RFID应用和安全问题，分别采取相应的安全措施。

1.4.4 物联网安全体系

物联网的安全和互联网的安全问题一样，一直被广泛关注，由于物联网连接和处理的对象主要是机器或物以及相关的数据，物联网系统的安全和一般IT系统的安全基本一样，主要有6个维度：读取控制、隐私保护、用户认证、不可抵赖性、数据保密性及随时可用性。前4个主要处在物联网三层架构的应用层，后两个主要位于传输层和感知层。从物联网的信息处理过程来看，感知信息经过采集、汇聚、融合、传输、决策与控制等过程，整个信息处理的过程体现了物联网安全的特征与要求，也揭示了所面临的安全问题。在物联网时代大量信息需要传输和处理，假如没有一个与之匹配的网络体系，就不能进行管理与整合，物联网也将是空中楼阁。因此，建设一个全国性的、庞大的、综合的业务管理平台，把各种传感信息进行收集、进行分门别类的管理以及进行有指向性的传输是物联网能否被推广应用的一个关键问题。而建立一个如此庞大的网络体系是各个企业望尘莫及的，由此必须由专门的机构组织开发管理平台。物联网目前的传感技术主要是 RFID。植入芯片的产品有可能被任何人感知，产品的主人可以方便地对其进行管理，但是它也存在着一个巨大的问题，其他人也能进行感知，如产品的竞争对手等。那么应如何做到在感知、传输、应用过程中，这些有价值的信息可以为我所用，却不被他人所用，尤其是不被竞争对手所用呢？这就需要形成一套强大的安全体系。

本章小结

物联网是指在物理世界的实体中安装具有一定感知能力、计算能力和执行能力的嵌入式芯片与软件，使之成为智能物体，通过网络实施实现信息传输、协同和处理，从而实现物与物、人与物的连接。

本章主要介绍了物联网的概念、体系构架、M2M、云计算以及物联网安全等知识，让读者对物联网有一个宏观的认识，了解何谓物联网。

习题与思考

(1) 简述物联网的定义，你对物联网是如何理解的？

(2) 简述物联网系统技术架构。

(3) 如何理解云计算？

(4) 什么是 M2M？

(5) 物联网安全体现在哪几个方面？

(6) 生活中自动识别技术的应用有哪些？

第2章 物联网硬件电路技术

如前章所述，物联网就是实现物物相联的互联网，是新一代信息技术的重要组成部分。具体来说，物联网是把传感器、控制器、机器、人员和物等，利用局部网络或互联网等通信技术通过新的方式联系在一起，从而形成了物与物、人与物互联、实现远程管理控制、信息化和智能化的网络。因此，基础硬件设备成为实现物联网快速发展的基础。物联网基础硬件主要由传感器、RFID 标签和嵌入式系统三项关键技术组成，涉及 RFID 读/写、喷码、电子标签、标签打印机、手机、传感器等众多的基础硬件设备。这些硬件设备的硬件技术又是建立在电子技术的基础上，学习电和电子的基本知识，掌握基本的模拟电路和数字电路必不可少。

物联网的各种硬件设备的结构都离不开微处理器控件，我们把这个技术叫作嵌入式技术。微处理器的开发应用是物联网的关键技术之一，也是核心内容，只有掌握微处理器的结构，理解其工作原理，才能设计嵌入式应用电路和编写相关的程序，从而设计感知层的硬件电路。

信息化技术、自动化技术和智能化技术在当今社会生活和生产中的应用越来越广泛，而这些技术的发展都依靠计算机技术的发展与进步。例如，我们生活中使用的智能手机、自动洗衣机都是依靠内部计算机来进行控制的。人们无法接受将一台普通计算机安装到智能手机中，因为这将导致手机的体积、成本、重量等指标变得令人无法接受，此时单片机的出现满足了实际应用的需求。

2.1 物联网电路基础

2.1.1 电路基本概念

电路就是由电气、金属导线、电子部件组成的导电回路，其作用是实现对电能的传输、分配与转换，以及对信号的传递与处理。

电路包括电源、连接导线、用电器和辅助设备四大部分，其中电源可把非电能转变成电能；连接导线则承担着把电源、用电器和辅助设备连成一个闭合回路，进行电能传输的作用；对电路进行控制、分配、保护及测量由辅助设备完成；用电器是把电能转变成其他形式。如果一个电路缺少了其中的一部分，这个电路就不能正常工作。

电路的三种状态如下。

(1) 通路：电路中有电流且用电器工作正常即接通的电路，属于常见的通路状态。

(2) 开路：电路中无电流，用电器不能正常工作即断开的电路，属于常见的开路状态。

(3) 短路：电路中有很大的电流，可能烧坏电源或导线的绝缘，引起火灾，直接用导线连接电源两端或用电器两端则会形成短路。短路是错误的危险状态，必须绝对避免。

电路模型就是在电路分析过程中，用抽象的理想电路元件及其组合近似的代替实际的器件，构成与实际电路相对应的电路模型，以便于对实际电气装置的分析研究。

电路根据连接方式不同可以分为串联电路和并联电路。

串联电路：把元件首尾相连逐个顺次连接起来，电路中只有一条电流，没有分支，各用电器相互影响，整个电路由开关控制。常见的有装饰小彩灯、开关和用电器。

并联电路：把元件首首尾尾并列地连接起来，电路至少有两条路径，有分支，并且各支路的用电器独立工作，互不影响。整个电路由干路开关控制，支路开关控制支路。家里的各种电器、道路路灯等常用这种电路。

2.1.2 电路的主要物理量及基本元件

(1) 电路的主要物理量：电流、电压和电动势。

电流是指单位时间内通过导体横截面的电荷量。电流分直流(电流的方向不随时间变化)和交流(电流的大小和方向随时间变化)两种。电流的单位是安培，简称安，用符号A表示。电流是一个有方向的物理量，仅以正电荷移动的方向为电流的真实方向。

电压是在静电场中衡量单位电荷由于电势不同所产生的能量差的物理量。电压的单位是伏特，简称伏，用符号V表示。

电动势(E)是电源中非静电力对电荷做功的能力，是表示电源特征的一个物理量。

(2) 电路的基本元件：电阻、电容和电感。

电阻(Resistance)简写R，它与导体的尺寸、材料、温度有关，它是导体的一种基本性质。将电能变为热能是电阻的主要物理特征，因为电阻在电流经过时产生内能，它也是一个耗能元件。电阻通常在电路中起分压、分流的作用，一般交流与直流信号都可以通过电阻。通常电阻分为固定电阻、可变电阻和特种电阻。

电容也称电容器，记为C，国际单位是法拉(F)，是表征电容器容纳电荷本领的物理量，指在给定电位差下的电荷储藏量。电容器的电容指的是电容器的两极板间的电势差增加1V所需的电量。

电感是电子电路中常用的元件之一，对交流信号进行隔离、滤波，也可以和电容、电阻等组成谐振电路。电感是用漆包线、纱包线或塑皮线等绝缘导线在绝缘骨架或铁心上绕制成的一组串联的同轴线匝，用字母L表示。

2.1.3 半导体器件

半导体是一种具有特殊性质的物质，它介于导体和绝缘体之间，所以称为半导体，硅和锗是组成半导体最重要的两种元素。美国硅谷就是因为那里早期有很多家半导体厂商而得名。

半导体器件有二极管、三极管和可控硅三种类型。

二极管是最早的半导体器件，其明显的特点就是单向导电特性，也就是说电流只能从一边过去，却不能从另一边过来，即只能从正极流向负极。二极管的类型较多，用于稳压的稳压二极管，用于调谐的变容二极管，用于数字电路的开关二极管和光电二极管，它们在电子制作中最为常用，尤其以发光二极管最为常见。发光二极管可以作为电路工作状态的指示，它耗电低、寿命长。发光二极管是一种电流型器件，在实际使用中一定要串接限流电阻，工作电流一般为 1～30mA，另外，发光二极管的导通电压一般为 1.7V 以上。用肉眼观察发光二极管，可以发现一大一小的两个电极，电极较小，个头较矮的是正极，电极较大的是负极。新的发光二极管的较长的引脚是正极。

三极管是电子电路中重要的器件，它具有三个电极，三极管与二极管只有一个 PN 结的构成不同，三极管由两个 PN 结构成，共用的一个电极是基极(b)，还有两个电极分别是集电极(c)和发射极(e)。三极管有两种电路符号，发射极的电极有一个箭头(箭头所指的方向就是电流的方向)，NPN 型三极管箭头朝外，PNP 型箭头朝内。三极管的种类很多，不同型号有不同用途，电子制作中常用三极管是低频小功率硅管 9013(NPN)、9012(PNP)，低噪声管 9014(NPN)、高频小功率管 9018(NPN)等 90××系列。三极管最基本的作用是在遵循能量守恒的基础上，把微弱的电信号转换成为一定强度的信号，即把电源能量转换成为信号能量，这就是三极管的放大作用。三极管也可以作为电子开关，与其他元件构成振荡器。

可控硅(晶闸管)由 PNP 四层半导体构成，有阳极 A、阴极 K 和控制级 G 三个电极，它能够实现交流电的无触点控制，用小电流去控制大电流，并且动作快、可靠性好、寿命长，具有调速、调光、调压和调温功能。晶闸管分为单向和双向，其中单向的 MCR-100、双向的 TLC336 在电子制作中比较常用。

2.1.4 电路板、集成电路和单片机

1. 电路板

电路板目前多指印制电路板即 PCB(Printed Circuit Board)，它是焊装了集成芯片、电阻、电容、晶体管等元器件的基板，是安装电子元器件的载体，在每种电子设备中都能看到。

印制电路板由基板和印制电路组成，充当导线和绝缘底板的作用。基板是不装载元器件的印制电路板，它是元器件的支撑体，通过焊接把元器件连接起来，还利于板上元器件的散热。

印制电路板的种类很多，常见的是按结构分类可分为单面印制板、双面印制板、多层

印制板和软性印制板。

低档电子产品多数使用传统的单面印制板，这种电路板在绝缘基板上只有一面有印制导线。

双面印制板正反两面都有导电图形，两面都有导线，焊孔经过金属化处理实现两面导线的电气连接，电子产品通常采用双面印制板。

多层印制板由三层或三层以上导电图形构成，导体图形之间由绝缘层隔开，各导电图形之间通过金属化孔实现电连接。这种电路板与集成电路配合，使电子产品的精度得到提升，信号传输距离缩短，故障率降低，减少了信号的干扰，可靠性得到提高。

软性印制板又称柔性印制板或挠性印制板，采用软性基材制成。该电路板的最大特点是体积小、重量轻、可以折叠、卷缩和弯曲。软性基材还可与刚性基材连接，用以替代接插件，保证可靠性，由于它的这些特点，软性印制板成为各种印制板中发展速度最快的一种。目前，计算机、自动化仪表及通信等领域都在广泛使用软性印制板。

2. 集成电路

集成电路也叫芯片，是一种将晶体管、电阻、电容等元件采用特殊工艺集成在硅基片上形成具有一定功能的器件。单独的集成电路需要加接相应的外围元件，同时提供电源才能工作，否则就不能工作。

根据功能用途不同，集成电路可以分为模拟集成电路和数字集成电路。

根据内部的集成度又可分为超大规模集成电路(VLSI)、大规模集成电路(LSI)、中规模集成电路(MSI)和小规模集成电路(SSI)。

根据有源器件类型不同，集成电路可分为单极型、双极型和混合型(单极双极)三种。单极型内部采用 MOS 场效应管，双极型采用二极管和三极管，混合型是单极型和双极型的混合体，因而兼有两者的优点。

3. 单片机

单片机(Microcontrollers)也叫微控制器，是一种集成电路芯片。把具有数据处理能力的中央处理器 CPU、随机存取存储器 RAM、只读存储器 ROM、输入/输出(I/O)接口、中断控制系统、定时/计数器和通信等多种功能部件利用超大规模集成电路技术集成到一块硅片上，构成一个体积小但功能完善的微型计算机系统。简单定义，一个将微型计算机系统制作到里面的集成电路芯片称为单片机。

单片机的特点主要体现在体积小、重量轻，结构简单、可靠性高，工作电压低、功耗低，价格低廉、性价比高等方面，所以被广泛应用。

单片机是计算机发展的一个重要分支，我们可以从不同角度根据不同情况对单片机进行分类。

按用途可将单片机分为通用型单片机和专用型单片机。通用型单片机具有良好的通用性，适合各种应用场合，使用时只需变更外围电路和应用程序，我们通常使用的都是通用型单片机。专用型单片机是为某种特殊应用设计的单片机，如数字电视的机顶盒采用专用型单片机。

按数据处理位数可将单片机分为主8位、16位和32位单片机。当然单片机的位数越高，意味着单次处理的数据量越大，性能也就越好，价格相对会越高。

由于单片机只是一个高度集成的芯片，必须为其提供一定的软硬件运行条件，才能让它在一个应用系统中工作。从硬件角度考虑，单片机通电后能进入工作状态需要具备必要的电路，一般包括时钟电路和复位电路两种电路，称为单片机最小系统。在实际应用中，可以参照各自的芯片说明手册进行设计。单片机和普通计算机一样在没有安装任何软件时是不起任何作用的，只有将编写好的程序代码安装到单片机中才能实现具体的功能，这是所谓的软件条件。我们把为单片机安装程序的过程通常称为烧写程序或下载程序，烧写到单片机的程序称为下位机程序或闪存镜像。

总之，电路板就是一块绿色的板子，是把各种芯片（集成电路）配合工作搭起来的集合，一个电子产品假如没有电路板，就如一个人没有了骨头和躯体。集成电路是把各种电路单元集中到一起实现某种必需的功能，它像人的五脏六腑，不可或缺。单片机可以通过编程来实现各种需要的功能，是控制核心，控制电路板上的集成电路，指挥电路上的元件完成各项功能，单片机相当于人的心脏或大脑。

2.2 Arduino开源硬件平台

2.2.1 什么是开源硬件

开源硬件类似于开源软件，就是在已有的硬件基础上进行二次创意，区别是开源软件的复制成本可能是零，但开源硬件的复制成本较高。

开源硬件是开源文化的一部分，它开始考虑对软件以外的领域开源。这个词主要是用来反映像材料清单、电路图等，使用开源软件来驱动硬件的这种自由释放详细信息的一种硬件设计。简单地讲，开源硬件就是指与自由及开放原始码软件相同方式设计的计算机和电子硬件。

目前，比较流行且具代表意义的三款开源硬件平台如图2-1所示，从左到右分别是Arduino Uno、BeagleBone和Raspberry Pi。这三款开源硬件平台的共同特点就是它们唾手可得，价格实惠，并且大小规格相近，同时都在电子产品开发中被广泛应用。

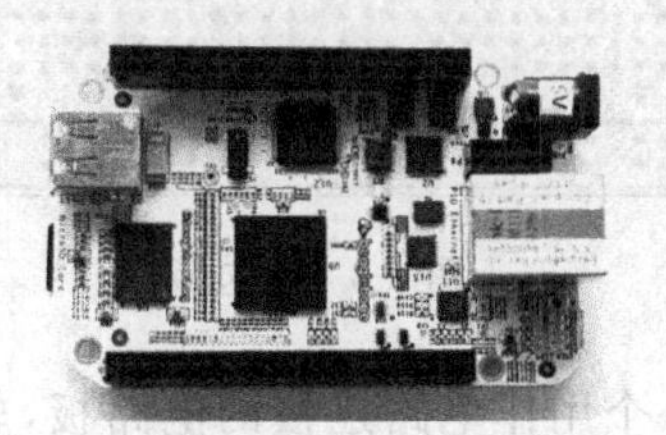

图2-1　开源硬件

Arduino Uno和Raspberry Pi价格便宜，而BeagleBone的价值接近Arduino Uno的三倍，但Arduino Uno的每秒周转速率比另外两款慢大约40倍，RAM也是其他两款的

1/128000。可以发现，Arduino Uno 和 Raspberry Pi 价格较低，而 Raspberry Pi 与 BeagleBone 功能较强。

然而 Raspberry Pi 和 BeagleBone 都是基于 Linux 操作系统，这个操作系统可以让它们在小型计算机上支持使用多语言编程，运行多个程序。但 Arduino 的设计非常简单，它一次只能运行一个程序，而且只支持低阶的 C++语言编程。基于 Arduino 平台拥有良好的扩展性，便于与各种设备交互。对初学者来说，在进行一些小型项目开发时，它是绝佳的选择，本书都采用 Arduino 开源硬件平台。

2.2.2 Arduino 基本知识

Arduino 是一款便捷灵活、方便上手的开源电子原型平台，是物联网技术的一种基础应用，其包含硬件（各种型号的 Arduino 板）和软件（Arduino IDE），由一支欧洲开发团队于 2005 年冬季开发。本书的硬件设备采用 ESP 8266 芯片，利用 Arduino IDE 软件开发环境完成相应实验项目。完成 Arduino 开发实验的主要硬件设备包括 ESP 8266 芯片（图 2-2）、面包板（图 2-3）、各类传感器、连接线、各种电阻及开关、发光二极管等，它们的功能和使用方法将在后面的实践项目中具体介绍。

图 2-2 ESP 8266 芯片

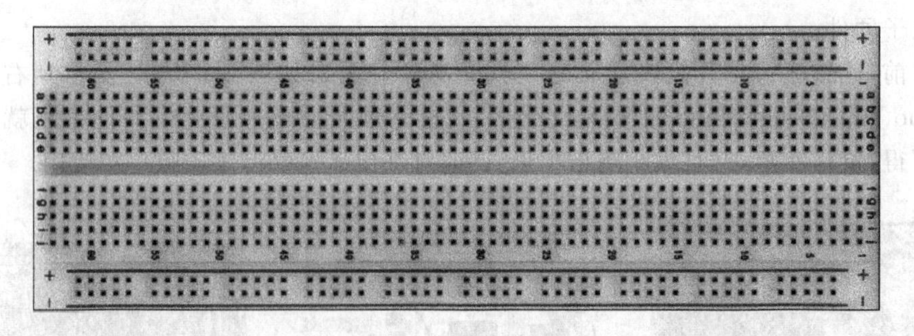

图 2-3 面包板

Arduino 的硬件部分是一个用作电路连接的电路板，软件部分是计算机中的程序开发环境，首先需要连接好硬件部分的线路，然后在 Arduino IDE 中编写程序代码，再将程序上传到 Arduino 电路板，程序便会告诉 Arduino 电路板要做些什么，最后通过观察硬件的状态来判断实验是否成功。Arduino 能通过各种各样的传感器来感知环境，通过控制灯光、马达或其他装置来反馈、影响环境，实现物联网的各种应用。

2.3　实践项目 1：Arduino 硬件电路连接

2.3.1　实践项目目的

通过本实践项目，了解 ESP 8266 电路板部分引脚的含义，熟悉 ESP 8266 电路板与面包板的连接方法，熟悉串联电路和并联电路的工作原理。

2.3.2　实践项目要求

(1) 正确连接 ESP 8266 电路板与面包板，设置基础电路。

(2) 使用发光二极管(LED)和开关，实现对灯光亮灭的控制。

(3) 分别连接串联电路和并联电路，并通过开关控制灯的亮灭。

2.3.3　实践项目过程

1. 连接 ESP 8266 电路板与面包板

将 ESP 8266 电路板插入面包板中间靠上的位置，空出 a 列和 j 列，如图 2-4 所示。

电路板上标注 3V3 的引脚表示输出 3.3V 的电源，标注 GND 的引脚表示接地。面包板上左右标注了“＋”和“－”的垂直列内部是各自连接在一起的，中间左右两侧每行的 5 个孔的内部也是连接在一起的，这在连接电路时需要非常注意，否则可能会造成短路。

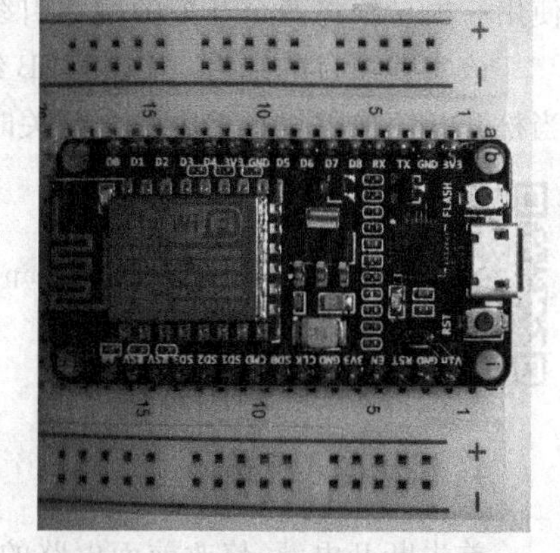

图 2-4　连接 ESP 8266 芯片与面包板

2. 搭建第一个交互式电路

(1) 将一根导线的一端连接到电路板的 3V3 端口，另一端连接到面包板的电源正极总线(连接到任意一个插孔，该列所有插孔都将获得电源)。

(2) 将一根导线的一端连接到电路板的 GND 端口，另一端连接到面包板的电源负极总线。

(3) 使用一个 1kΩ 的电阻(电阻的欧姆值是通过颜色环来标识的，颜色环的具体含义可以查询相关资料或互联网)，一端插入面包板电源总线的正极，另一端插入面包板中间部分的任意一个插孔中。

(4) 使用一个开关，开关需要横跨在面包板中间的小沟上，没有引线伸出的两面对着小沟，其中一个引脚需连接到第(3)步中插入了电阻的同一行。

(5) 使用一个发光二极管(LED)，将正极(较长的引脚)插入与开关另一条引线的同一行中，负极插入面包板中与正极不同的行(若插入了同一行，则会出现短路)。

(6) 使用一根导线将 LED 的负极与面包板的电源负极总线连接起来。

(7) 使用 USB 线缆将电路板与计算机连接。电路连接如图 2-5 所示。

图 2-5 通过开关点亮 LED

该实践项目的结果：当按下开关时，LED 被点亮；当松开开关时，LED 熄灭。

3. 搭建串联电路

首先断开电源，在前面电路的基础上再使用一个开关，放置在前一个开关的旁边，并使用一根导线将两个开关的相邻引线连接起来，如图 2-6 所示。

该实践项目的结果：连接 USB 线缆到计算机，当同时按下两个开关时，LED 被点亮；当松开开关或仅按下其中一个开关时，LED 均熄灭。

第一个交互式电路. mp4(126MB)

搭建串联电路. mp4(48.6MB)

4. 搭建并联电路

首先断开电源，修改前面电路的连接导线，如图 2-7 所示。

图 2-6 串联电路

图 2-7 并联电路

该实践项目的结果：连接 USB 线缆到计算机，当按下两个开关中的任意一个(或同时按下)时，LED 被点亮；当松开开关时，LED 熄灭。

搭建并联电路.mp4(35.8MB)

2.3.4　实践项目扩展

ESP 8266 芯片各引脚名称的简要说明如图 2-8 所示，其具体功能及使用方法将在后面的实践项目中详细介绍。

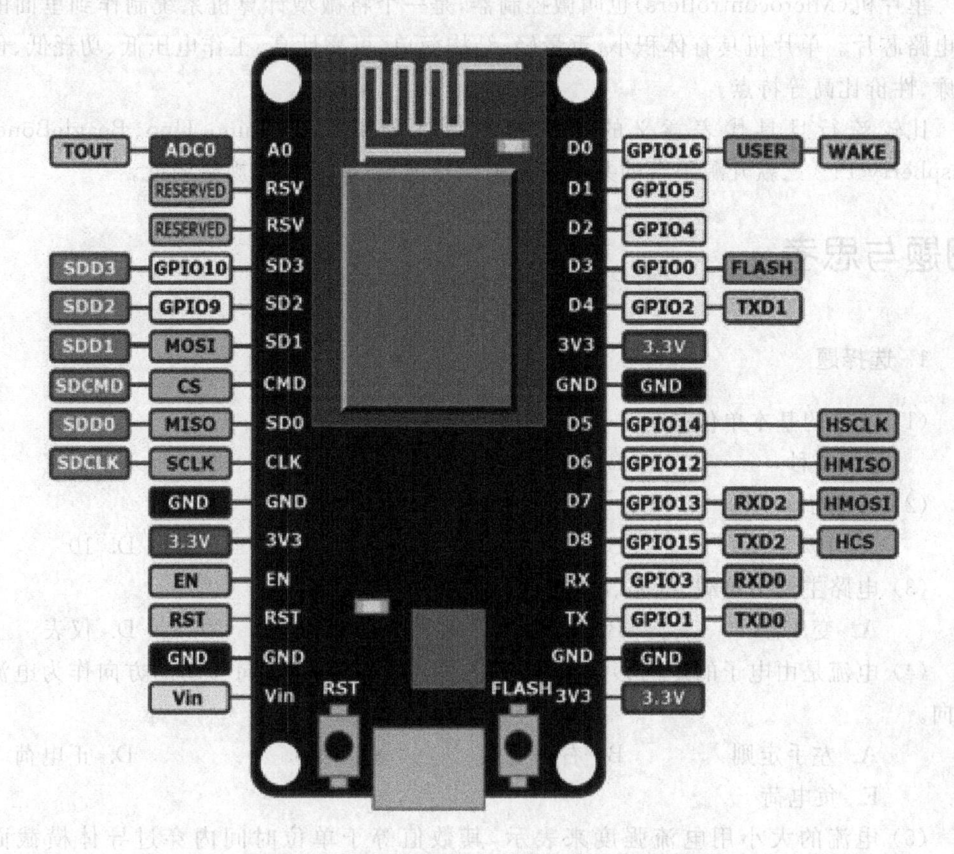

图 2-8　ESP 8266 芯片各引脚名称的简要说明

本章小结

电路就是由电气、金属导线、电子部件组成的导电回路，其作用是实现对电能的传输、分配与转换，以及对信号的传递与处理，包括电源、连接导线、用电器和辅助设备四大部分。电路根据连接方式不同可以分串联电路和并联电路。

电路中的主要物理量分别是电流、电压和电动势。电路中的基本元件分别是电阻、电容和电感。

半导体是一种具有特殊性质的物质，它介于导体和绝缘体之间，包括二极管、三极管和晶闸管等类型。

电路板是焊装了集成芯片、电阻、电容、晶体管等元件的基板，是安装电子元器件的载体，由基板和印制电路组成，充当导线和绝缘底板的作用。按结构分类可分为单面印制板、双面印制板、多层印制板和软性印制板。

集成电路也叫芯片，是一种将晶体管、电阻、电容等采用特殊工艺集成在硅基片上形成具有一定功能的器件。

单片机(Microcontrollers)也叫微控制器，是一个将微型计算机系统制作到里面的集成电路芯片。单片机具有体积小、重量轻、结构简单、可靠性高、工作电压低、功耗低、价格低廉、性价比高等特点。

比较流行且具代表意义的三款开源硬件分别是 Arduino Uno、BeagleBone 和 Raspberry Pi。三款开源平台的共同特点是价格实惠，并且大小规格相近。

习题与思考

1. 选择题

(1) 电荷的基本单位是(　　)。

A. 安秒　　B. 安培　　C. 库仑　　D. 千克

(2) 1 安培等于(　　)微安。

A. 10^3　　B. 10^6　　C. 10^9　　D. 10^2

(3) 电路主要由负载、线路、电源、(　　)组成。

A. 变压器　　B. 开关　　C. 发电机　　D. 仪表

(4) 电流是由电子的定向移动形成的，习惯上把(　　)定向移动的方向作为电流的方向。

A. 左手定则　　B. 右手定则　　C. N-S　　D. 正电荷

E. 负电荷

(5) 电流的大小用电流强度来表示，其数值等于单位时间内穿过导体横截面的(　　)代数和。

A. 电流　　B. 电量(电荷)　　C. 电流强度　　D. 功率

(6) 导体的电阻不仅与导体的长度、截面有关，还与导体的(　　)有关。

A. 温度　　B. 湿度　　C. 距离　　D. 材质

(7) 半导体的电阻随温度的升高(　　)。

A. 不变　　B. 增大　　C. 减小

(8) 串联电路中，电压的分配与电阻成(　　)。

A. 正比　　B. 反比　　C. 1∶1　　D. 2∶1

(9) 并联电路中,电流的分配与电阻成(　　)。

A. 正比　　B. 反比　　C. 1∶1　　D. 2∶1

(10) 串联电路具有(　　)特点。

A. 串联电路中各电阻两端电压相等

B. 各电阻上分配的电压与各自电阻的阻值成正比

C. 各电阻上消耗的功率之和等于电路所消耗的总功率

D. 流过每一个电阻的电流不相等

(11) 电容器并联电路有(　　)特点。

A. 并联电路的等效电容量等于各个电容器的容量之和

B. 每个电容两端的电流相等

C. 并联电路的总电量等于最大电容器的电量

D. 电容器上的电压与电容量成正比

(12) 三极管基极的作用是(　　)载流子。

A. 发射　　B. 输送控制　　C. 收集　　D. 放大

(13) 双极型晶体管和场效应晶体管的控制信号为(　　)。

A. 电压　　B. 电流

C. 双极型为电压、场效应为电流　　D. 双极型为电流、场效应为电压

(14) 二极管的主要特性就是(　　)。

A. 整流　　B. 稳压　　C. 单向导通　　D. 反向击穿

(15) 电路由(　　)和开关4部分组成。

A. 电源、负载、连接导线　　B. 发电机、电动机、母线

C. 发电机、负载、架空线路　　D. 电动机、灯泡、连接导线

2. 判断题

(1) 纯电阻单相正弦交流电路中的电压与电流,其瞬间值遵循欧姆定律。(　　)

(2) 电动势的实际方向规定为从正极指向负极。(　　)

(3) 没有电压就没有电流,没有电流就没有电压。(　　)

(4) 人们常用"负载大小"来指负载电功率大小,在电压一定的情况下,负载大小是指通过负载的电流的大小。(　　)

(5) 电容C是由电容器的电压大小决定的。(　　)

3. 简答题

(1) 简述单片机的概念、特点和产生的原因。

(2) 列举几个身边单片机应用的实例。

(3) 简述Arduino开源平台的特点。

第3章 物联网软件开发技术

物联网是当前一个比较热门的词汇,每个人对物联网的理解不完全一样,但是在业界比较统一地认为物联网具备的三个基本条件:第一个是全面感知,让物品“说话”,对物联信息进行识别、采集;第二个是可靠传递;第三个是智能处理。其中前两个条件可以由传感技术和通信技术完成,第三个条件则必须通过软件技术去实现。通过一系列的研究对比,目前中国信息网络与传输基础比较好,但是在传感器和芯片制造、集成,以及信息处理的软件技术方面还是相当薄弱的,软件技术支撑的数据采集也有待提高。

通过最近的几份调查,编者总结出一个良好的物联网软件平台应该具备设备管理、集成、安全性、数据收集协议、分析类型以及支持可视化等功能。

3.1 常见物联网软件开发平台

3.1.1 Arduino

Arduino 不仅是一款方便上手、便捷灵活的开源电子原型平台,也是一套软件,包含集成开发环境(IDE)和 Arduino 编程语言。Arduino 其实是一款工具,包括硬件和软件。Arduino IDE 具有跨平台,简单易学,并且软硬件开源被广泛应用于电子产品中,现在许多企业已经使用 Arduino 来制造相关的物联网产品。

3.1.2 Eclipse IoT Project

Eclipse 是著名的跨平台的集成开发环境(IDE),最初当作 Java 集成开发环境(IDE)来使用,Eclipse 不仅支持 Java 语言,同时也在 C/C++、COBOL、PHP、Android 等编程语言的插件中得到应用。Eclipse 包括 Mihini、Koneki 和 Paho 项目,分别在物联网的应用框架和服务、使用开源技术实现 MQTT CoAP、OMA-DM 和 OMA LWM2M 物联网协议、处理 Lua 的工具等方面得到了广泛应用。

3.1.3 Kinoma

Kinoma 软件平台归 Marvell 所有,它是基于 Android 操作系统的 Kinoma Play 软

件。Kinoma Play 软件的环境是开放的，编写语言是 Kinoma Play Script (KPS)，都使用 JavaScript 语言。Kinoma Play 软件将 Kinoma 应用程序上的一系列功能和资讯整合到操控界面，从而简化日常工作，提升效率。它包括 Kinoma Create、Kinoma Studio 和 Kinoma Connect 三个开源项目，用于制作电子设备的原型，将智能手机和平板电脑与物联网设备互联起来。

3.1.4 M2M Labs Mainspring

M2M 是机器对机器通信的，目前重点在无线通信，主要有机器对机器、移动电话对机器和机器对移动电话三种方式。Mainspring 基于 Java 和 Apache Cassandra SQL 数据库，是一种开源框架，用于开发 M2M 应用软件，主要应用在开发远程监控、车队管理和智能网格方面。Mainspring 在设备的建模、配置以及与应用软件间的通信、数据的验证、存储、检索方面都相当灵活。

3.1.5 Node-RED

Node-RED 立足于 Node.js，是一款开发物联网应用程序的强大工具。Node-RED 可以让开发人员进行基于流的可视化编辑，连接诸多设备、服务和 API(应用编程接口)。Node-RED 可以运行在 Raspberry Pi 上，并利用 60000 多个模板进行功能的扩展。

3.2 Arduino 软件开发平台

Arduino 是一款便捷灵活、方便上手的开源电子原型平台，是物联网技术的一种基础应用平台。Arduino IDE 是 Arduino 平台的软件开发环境，Arduino IDE 基于 processing IDE 开发，具有使用类似 Java、C 语言的 IDE 集成开发环境。读者只要在 IDE 中编写程序代码，并将程序烧写到 Arduino 电路板中，Arduino 电路板就知道做什么了。

与其他的大多数控制器只能在 Windows 上开发不同，Arduino IDE 具有可以在 Windows、Macintosh OS X 和 Linux 三大主流操作系统上运行的特点。

3.3 Arduino 编程语言

Arduino 语言是建立在 C/C++基础上的，基于 wiring 语言开发，把 AVR 单片机(微控制器)相关的一些参数设置函数化，对初学者来说简单易学，不需要太多的单片机和编程的基础知识也可以进行快速开发。

Arduino 语言其实就是基础的 C 语言，对于有 C 语言基础的程序爱好者来讲，Arduino 语言更加容易掌握。要想写出一个完整的 Arduino 程序，需要了解和掌握 Arduino 语言的基本语法，本节主要学习 Arduino 语言的基本知识。

3.3.1 变量和常量

1. 变量

变量是用于储存计算结果或某一值的抽象概念，其值可以改变。变量需要有正确的类型和名字才能使用，变量名字是由标识符定义的。

标识符是由字母、数字和下画线组成的，是由字母或下画线开头的字符序列。标识符中的大小写是有区别的，如 china 和 China 是两个不同的标识符。

关键字不能是标识符，C 语言中的关键字主要有以下一些。

数据类型关键字（12 个）：char、double、enum、float、int、long、short、signed、struct、union、unsigned 和 void。

控制语句关键字（12 个）：break、case、continue、default、do、else、for、goto、if、return、switch 和 while。

存储类型关键字（4 个）：auto、extern、register 和 static。

其他关键字（4 个）：const、sizeof、typedef 和 volatile。

变量根据其作用域不同可分为局部变量和全局变量，其中局部变量指变量的声明在函数的内部，作用域为该函数内部，当离开主程序或函数时，该局部变量将自动消失；全局变量指变量的声明在函数的外部，变量的作用域为整个程序。

2. 常量

跟变量对应的是常量，程序运行时其值不能改变的量（常数）。一般情况下，我们会将常量赋值给对应的变量，如 c='a'；该语句中，'a'是字符型常量，而 c 为字符型变量。常量可以自定义，也可以是 Arduino 核心代码中自带的。Arduino 核心代码自带的常量包括布尔常量、数字引脚常量和引脚电压常量。

布尔常量：有 false 和 true。通常情况下定义 false=0，true=1，但在实际应用过程中，一般把任何非零整数都定义为 true。例如，−1、2 和 −200 都定义为 true。

数字引脚常量：有 INPUT 和 OUTPUT。引脚=INPUT 时，表示从引脚读取数据；引脚=OUTPUT 时，表示引脚向外部电路输出数据。读者特别要注意两个常量都是大写的。

引脚电压常量：有 HIGH 和 LOW，注意大写。HIGH 表示高电位，LOW 表示低电位。例如，digitalWrite(pin，HIGH)；就是将 pin 这个引脚设置成高电位。

在 Arduino 中自定义常量可以通过宏定义 #define 和关键字 const 完成，在定义数组时只能使用 const。

3.3.2 数据类型

Arduino 与 C 语言类似，有多种数据类型，不同数据类型的变量在内存中占不同的长度，有不同的取值范围。

1. 常用数据类型

常用数据类型有整型、无符号整型、长整型、无符号长整型、单精度实型、双精度实型、字符型、字节型、布尔类型等,如表 3-1 所示。

表 3-1　常用数据类型

类　　型	类型说明符	在内存所占字节数	取 值 范 围
整型	int	2	－32768～32767
无符号整型	unsigned int	2	0～65535
长整型	long	4	－2147483648～2147483647
无符号长整型	unsigned long	4	0～4294967295
单精度实型	float	4	3.4e－38～3.4e＋38
双精度实型	double	8	1.7e－308～1.7e＋308
字符型	char	1	－128～＋128
字节型	byte	1	0～255

布尔类型是一种逻辑值,只有真与假,或 false 和 true,常用的布尔运算符是与运算(&&)、或运算(||)和非运算(!)。

2. 结构体

结构体是用户构造数据类型的手段,结构体类型是一种构造类型,分为结构体类型和结构体变量。它将具有内在联系的不同类型封装在一起,能够处理复杂的数据类型。例如:

```
struct student
{int number;                     /*学号*/
 char name[8];                   /*姓名*/
 char sex;                       /*性别*/
 float score[4];                 /*成绩*/
};
```

3. 数组

数组也是一种构造类型,数组中的每个成员具有相同的类型,每一个数据成员的类型都是基本类型(如 int、float、char 等)。数组分为一维数组、二维数组(多维数组)和字符数组。

(1) 数组的创建和声明与 C 语言基本一致,例如:

```
arrayInts [12];
arrayNums [] = {2,4,5,6,8,9};
arrayVals [6] = {3,5,-9,9,1-};
char arrayString[8] = "Arduino1";
```

(2) 数组的引用。

数组名表示数组的首地址,要对数组元素进行使用,这类操作叫作对数据元素的使用(也叫数组的引用)。在数组的引用过程中,应该注意以下几点。

在C语言中不能引用整个数组,只能引用单个数组元素。

一个数组元素相当于一个变量,它的使用与同类型的普通变量是相同的。

数组元素的引用形式为(以一维为例):数组名[下标]。

① 数组名后方括号内是数组下标,下标表示该元素是数组的第几个元素。数组名后面的方括号内的内容只有在数组定义时才是数组的长度,其他时候都是数组下标。

② 数组元素的下标是整型的常量、变量或表达式。下标的取值范围是[0,数组长度−1]的整型值。

③ 程序运行时,编译系统并不检查数组元素的下标是否越界,需要编程人员自己保证数组元素的下标不要越界。

3.3.3 运算符

1. 算术运算符

算术运算符包括+、−、*、/、%、++和−−等。

+(加)求和运算,例如,Z=m+n,将m与n变量的值相加,其和放入Z变量中。

−(减)做差运算,例如,Z=m−n,将m变量的值减去n变量的值,其差放入Z变量中。

*(乘)乘法运算,例如,Z=m*y,将m与n变量的值相乘,其积放入Z变量中。

/(除)除法运算,例如,Z=m/y,将m变量的值除以n变量的值,其商放入Z变量中。

%(取余)对两个值进行取余运算,例如Z=m%n,将m变量的值除以n变量的值,其余数放入Z变量中。其中m和n必须都是整数。

++(自增)和−−(自减):自增运算使单个变量的值增1,自减运算使单个变量的值减1。自增、自减运算符都有两种用法。

(1) 前置运算:运算符放在变量之前,如++变量、−−变量。先使变量的值增(或减)1,然后再以变化后的值参与其他运算,即先增减,后运算。

(2) 后置运算:运算符放在变量之后,如变量++、变量−−。变量先参与其他运算,然后再使变量的值增(或减)1,即先运算,后增减。

例如,a=5,b=6;则x=++a−(b−−)表达式中x的值为a自增后的值6加上b的值6等于12,同时a自己自增等于6,b自减等于5。

在使用自增自减运算符时应注意以下几点。

① 只能用于变量,不能用于常量,因为常量的值不能改变。5++,++7这种形式是错误的,常量是不能改变的。

② 对于多个变量的运行结果,也不能使用,即不能用于表达式。如(x+y)++是不能使用的,因为结果是需要保存的,有多个变量的时候不能确定保存在何处。

③ 在表达式中，连续使同一变量进行自增或自减运算时，很容易出错，所以最好避免这种用法。

2. 关系运算符

关系运算符包括＜、＜＝、＝＝、＞、＞＝和！＝等。

关系运算符的使用如表 3-2 所示。

表 3-2　关系运算符

运 算 符	举　　例	说　　明
＜(小于)	例如 a＜b	a 小于 b 时返回真，否则返回假
＜＝(小于或等于)	例如 a＜＝b	a 小于或等于 b 时返回真，否则返回假
＞(大于)	例如 a＞b	a 大于 b 时返回真，否则返回假
＞＝(大于或等于)	例如 a＞＝b	a 大于或等于 b 时返回真，否则返回假
＝＝(等于)	例如 a＝＝b	a 等于 b 时返回真，否则返回假
！＝(不等于)	例如 a！＝b	a 不等于 b 时返回真，否则返回假

3. 逻辑运算符

逻辑运算符包括!、&& 和||等。

!(非)运算量为真时，结果为假；运算量为假时，结果为真。例如!(5＞0)的结果为假。

&&(与运算)运算的两个量都为真时，结果才为真，否则为假。例如：

6＞0 && 5＞2 由于 6＞0 为真，5＞2 也为真，相与的结果也为真。

||(或运算)运算的两个量只要有一个为真，结果就为真。两个量都为假时，结果才为假。例如，3＞0||4＞7 由于 3＞0 为真，相或的结果也为真。

赋值运算符包括＝及其扩展。

简单赋值运算符＝(等于)指定某个变量的值，例如，Z＝m，将 m 变量的值放入 Z 变量中。

复合赋值运算符(＋＝、－＝、*＝、/＝、%＝、《＝、》＝、&＝、^＝及|＝)是由赋值运算符之前再加一个双目运算符构成的。

例如：

```
x += 3;                          /* 等价于 x=x+3 */
y * = x + 6;                     /* 等价于 y=y*(x+6),而不是 y=y*x+6 */
```

3.3.4　Arduino 程序的基本结构

Arduino 程序的基本结构由 setup()和 loop()两个函数组成，其格式表示为

```
void setup()
{
}
```

```
void loop()
{
}
```

setup()函数在程序开始时使用，并且程序只会执行一次。通常会在 setup()函数中初始化变量、接口模式、启用库等，如配置 I/O 口状态和初始化串口。

loop()函数在 setup()函数之后执行，loop()函数里面的程序会不间断地执行。通常可以在 loop()函数中完成主函数功能。

3.3.5 常用函数

1. pinMode()

pinMode(port, mode)数字 I/O 口模式定义函数，用在 setup()函数里。port 表示端口号 0～13，mode 表示输入模式(INPUT)或输出模式(OUTPUT)。

2. digitalWrite()

digitalWrite(port, value)数字 I/O 口电平定义函数，port 表示端口号 0～13；value 表示高电平(HIGH)或低电平(LOW)。

3. digitalRead()

digitalRead(port, Value)数字 I/O 口读取电平值函数。port 表示端口号 0～13；value 表示高电平(HIGH)或低电平(LOW)。

4. analogWrite()

analogWrite(port, value)给一个接口写入模拟值(PWM 波)。port 表示 3、5、6、9、10、11；value 表示为 0～255。

5. analogRead()

int analogRead(port)从模拟 I/O 读取值，port 表示为 0～5，这个方法将输入的 0～5 电压值转换为 0～1023 的整数值。

6. delay()

delay()延时函数，delay(1000)表示延时间 1s。

7. Serial.begin()

Serial.begin(speed)设置串行每秒传输数据的速率(波特率)。speed 表示波特率，包括 300、1 200、2 400、4 800、9 600、14 400、19 200、28 800、38 400、57 600 或 115 200。

8. Serial.read()

int Serial.read()读取持续输入的数据。

9. Serial.print()

Serial.print(data)从串行端口输出数据，默认为十进制等于 Serial.print(data, DEC)。

10. Serial.println()

Serial.println(data)从串行端口输出数据，并输出一个回车和一个换行符，取得的值与 Serial.print()函数一样。

3.3.6 控制结构

1. 选择结构

(1) if 语句。单分支语句用来解决“根据一个条件就可以决定某个操作做还是不做”的问题，如图 3-1 所示。

形式为

```
if(表达式)
{
    执行语句 1;
}
```

双分支语句用来解决“根据一个条件，从两个操作中选择一个操作来做”的问题，如图 3-2 所示。

形式为

```
if(表达式)
{
    执行语句 1;
}
  else
{
    执行语句 2;
}
```

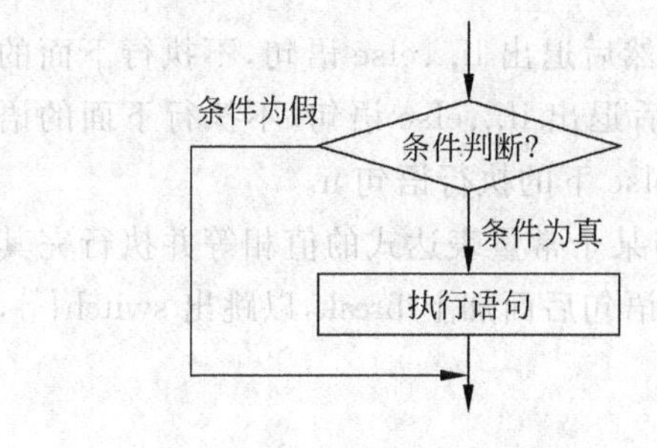

图 3-1　单分支结构流程图

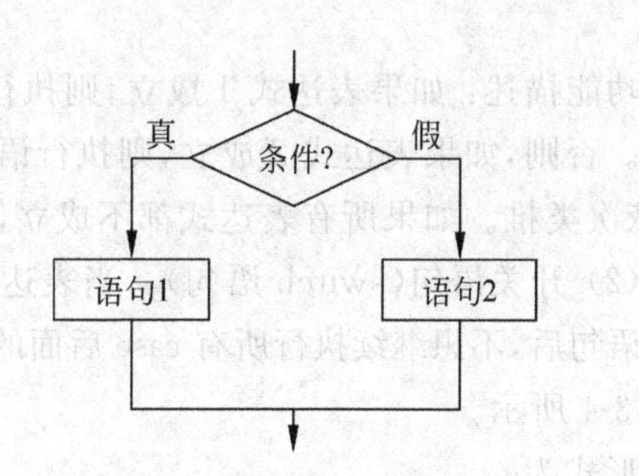

图 3-2　双分支结构流程图

多分支语句用来解决“根据 n 个条件，从 n+1 个操作中选择一个操作来做”的问题，如图 3-3 所示。

形式为

```
if(表达式 1)
{
    执行语句 1;
}
else if(表达式 2)
{
    执行语句 2;
}
else if(表达式 3)
{
    执行语句 3;
}
…
else
{
    执行语句 n;
}
```

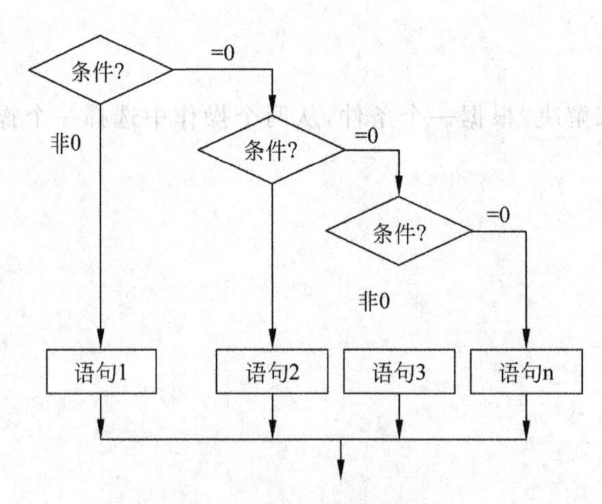

图 3-3　多分支结构流程图

功能描述：如果表达式 1 成立，则执行语句 1，然后退出 if…else 语句，不执行下面的语句。否则，如果表达式 2 成立，则执行语句 2，然后退出 if…else 语句，不执行下面的语句，依次类推。如果所有表达式都不成立，则执行 else 下的执行语句 n。

(2) 开关语句(switch 语句)。当表达式的值与某个常量表达式的值相等并执行完其后的语句后，不想继续执行所有 case 后面的语句，在语句后面加上 break，以跳出 switch{ }，如图 3-4 所示。

形式为

```
switch(表达式)
```

```
{
    case 常量表达式 1:
      语句 1;
      break;
    case 常量表达式 2:
      语句 2;
      break;
    …
    default:
      语句 m;
      break;
}
```

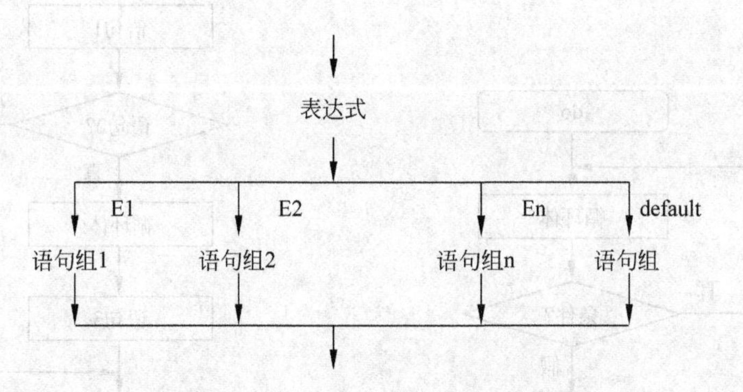

图 3-4　多分支结构(开关语句)流程图

2. 循环结构

1) while 语句(当型循环语句)

当某个条件成立(条件值非 0)时,反复执行某个操作,如图 3-5 所示。

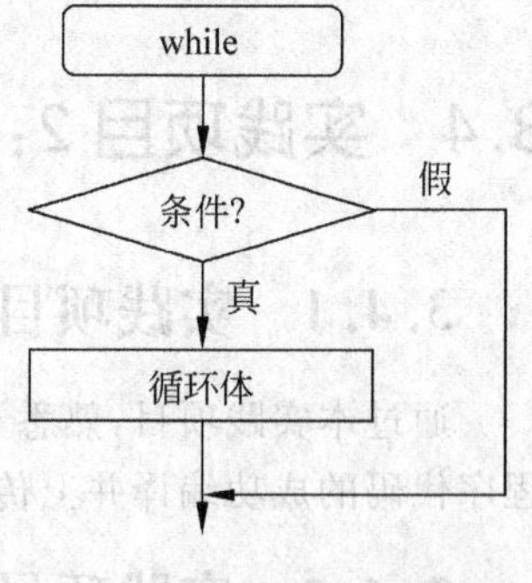

图 3-5　当型循环结构流程图

形式为

```
while (表达式)
{
    循环体语句;
}
```

2) do-while 语句(直到型循环语句)

反复执行某个操作,直到某个条件不成立(条件值为 0)时结束循环,如图 3-6 所示。

形式为

```
do
{
    循环体语句;
}
while (表达式)
```

3）for 语句（循环次数确定的循环语句）

由循环的初值、终值和增量控制的有限次数循环，如图 3-7 所示。

形式为

```
for (表达式 1;表达式 2;表达式 3)
{
    循环体语句;
}
```

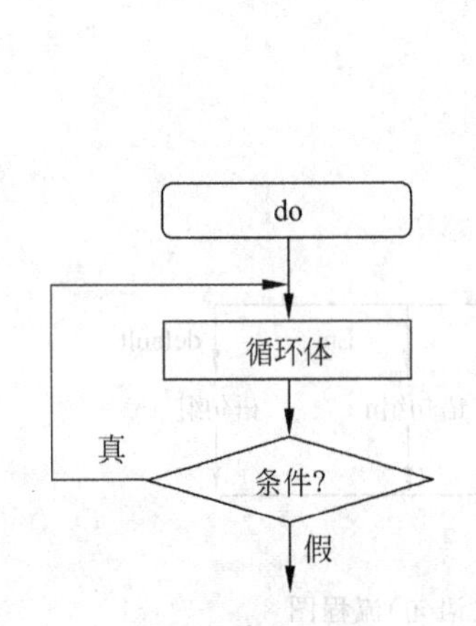

图 3-6 直到型循环结构流程图

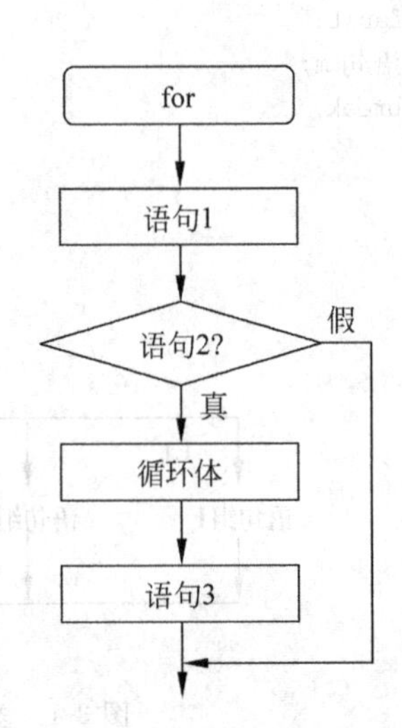

图 3-7 for 循环结构流程图

3.4 实践项目 2：Arduino 软件开发环境配置

3.4.1 实践项目目的

通过本实践项目，熟悉开发 Arduino 项目所需软件开发环境的安装及配置方法，实现程序代码的成功编译并上传到硬件电路板。

3.4.2 实践项目要求

（1）在 Windows 操作系统中搭建 Arduino IDE 应用程序开发环境，并更新相应开发板及库文件。

（2）正确连接电路板线路，并编写 LED 闪烁的 Arduino 代码，上传到芯片后实现 LED 灯点亮及熄灭状态交替出现的效果。

3.4.3 实践项目过程

1. 安装 Arduino IDE

打开安装文件中 Windows Installer 文件夹里的 arduino-1.8.0-windows 程序，根据

提示默认安装即可,也可下载其他版本的 Arduino 安装程序。

2. 更新开发板

(1) 打开安装好的 Arduino,单击"文件"|"首选项"按钮,在弹出对话框的"附加开发板管理器网址"框中输入 http://arduino. esp8266. com/stable/package_esp8266com_index. json。

(2) 确保计算机能正常连接 Internet,单击"工具"|"开发板"|"开发板管理器"按钮,在系统自动完成下载平台索引后,选中其中的 esp8266 by ESP8266 Community,安装最新的版本。若"开发板管理器"中没有这个选项或更新过程中提示更新失败,则关闭该窗口重复本步骤,直到出现如图 3-8 所示的安装成功提示。

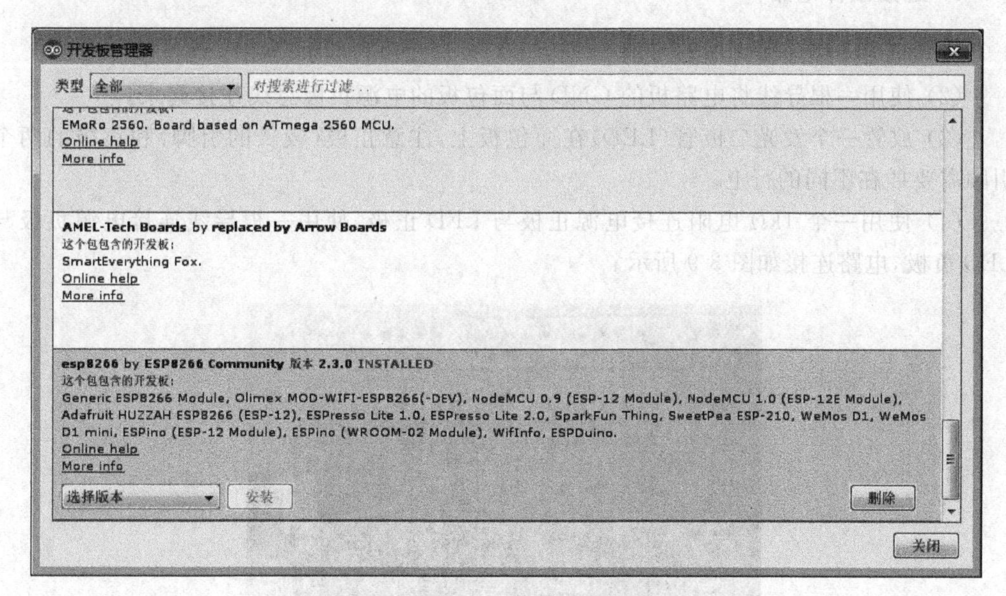

图 3-8 开发板更新完成

(3) 在"工具"|"开发板"中选择 NodeMCU 1. 0 (ESP-12E Module),若没有这个选项,则说明更新操作没有成功,需重复操作上面的步骤。

3. 更新库

更新库有两种方法。

(1) 使用已有库文件。将安装文件 Libraries 文件夹中的全部内容复制到 C:\Users\Administrator\Documents\Arduino\libraries 中(Windows 7 操作系统在"库"|"文档"中,不同操作系统及用户略有不同)。

(2) 在线更新,确保计算机能正常连接 Internet,单击"项目"|"加载库"|"管理库"按钮,在其中选择需要的库文件进行更新操作(具体需要使用的库在后面的实践项目中再具体介绍)。

软件开发环境配置.mp4(59.4MB)

4. 安装电路板的 USB 驱动程序

根据不同的操作系统,打开安装文件中 CP210x_Windows_Drivers 文件夹里对应的版本,根据提示默认安装即可。

5. 连接硬件电路

(1) 使用一根导线将电路板的 D0(GPIO16)与面包板的电源正极总线连接起来。

(2) 使用一根导线将电路板的 GND 与面包板的电源负极总线连接起来。

(3) 放置一个发光二极管(LED)在面包板上,注意正极(较长的引脚)和负极的两个引脚需要插在不同的行上。

(4) 使用一个 1kΩ 电阻连接电源正极与 LED 正极,使用一根导线连接电源负极与 LED 负极,电路连接如图 3-9 所示。

图 3-9 实践验项目 2 电路连接图

6. 编写 Arduino 程序

(1) 在新建的 Arduino 程序窗口中输入以下代码。

```
//初始化
void setup() {
  pinMode(LED_BUILTIN, OUTPUT);          //使用 D0 口为电源,设置状态为输出
}
//循环执行
void loop() {
  digitalWrite(LED_BUILTIN, LOW);        //设置端口为低电平,即不输出电压
```

```
    delay(1000);                      //持续 1s
    digitalWrite(LED_BUILTIN, HIGH);  //设置端口为高电平,即输出 3.3V 电压
    delay(2000);                      //持续 2s
}
```

(2) 将连接到电路板的 USB 线缆插入计算机,在“工具”|“端口”中选择对应的 COM 口(一般为新出现的编号中最大的一个),单击程序中的“上传”按钮 ,待编译成功后会自动上传程序到电路板,提示上传成功后观察 LED 的状态变化。

该实践项目的结果是 LED 熄灭 1s,点亮 2s,再熄灭 1s,再点亮 2s,如此循环,同时 ESP 8266 芯片上自带的蓝色小 LED 也会出现亮灭交替的状态,与插在面包板上的 LED 状态正好相反。

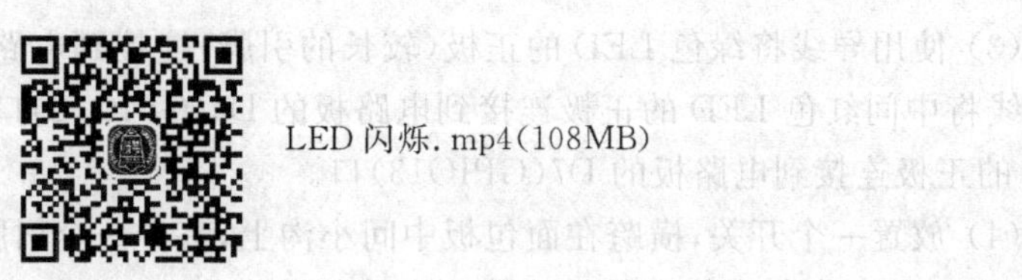

LED 闪烁. mp4(108MB)

3.4.4　实践项目扩展

(1) 修改程序代码中高低电平的持续时间值,LED 的点亮和熄灭时间会相应改变。注意修改代码后需要再次上传代码到电路板。

(2) 将程序代码中的所有 LED_BUILTIN 修改为 16,上传后将得到与前面相同的实践项目效果。因为 LED_BUILTIN 代表与板载 LED 相连的端口,在 ESP 8266 芯片中为 GPIO16,即 D0 口(可通过实践项目 1 的图 2-4 查询到)。

(3) 将程序代码中的 LED_BUILTIN 修改为 13,通过实践项目 1 中的 ESP 8266 芯片各引脚名称说明图查询可知,GPIO13 端口为 D7 口,这时需将连接在 D0 口的导线拔出,连接 D7 与面包板电源正极,注意改变电路连线时务必先断开 USB 线缆。完成后再次上传程序,插入面包板的 LED 的状态与前面实践项目是相同的,但是板载的蓝色小 LED 灯不再点亮,因为 GPIO13 号端口并不与板载 LED 灯连接。

3.5　实践项目 3:多彩的 LED

3.5.1　实践项目目的

通过本实践项目,熟悉 Arduino 程序设计的基本语法以及对电路板各端口电压的读取和写入方法,能通过开关控制 LED 灯的点亮和熄灭。

3.5.2　实践项目要求

(1) 使用 ESP 8266 电路板、LED 灯、开关、电阻及导线搭建实践项目电路,并编写相应程序实现开关控制 LED 灯的闪烁效果。不按开关时绿灯亮,按下开关时两盏红灯闪烁。

(2) 修改上述实践项目中的电路及程序代码,实现模拟交通信号灯的效果。

3.5.3 实践项目过程

1. 开关控制 LED 闪烁

(1) 分别使用导线将电路板 3V3 连接到面包板电源正极总线,将 GND 连接到面包板电源负极总线。

(2) 放置一盏绿色 LED 灯和两盏红色 LED 灯在面包板上,注意各引脚均需要在不同行上,分别使用 3 个 1kΩ 电阻连接各 LED 的负极(较短的引脚)与面包板电源负极总线。

(3) 使用导线将绿色 LED 的正极(较长的引脚)连接到电路板的 D5(GPIO14)口,使用导线将中间红色 LED 的正极连接到电路板的 D6(GPIO12)口,使用导线将另一个红色 LED 的正极连接到电路板的 D7(GPIO13)口。

(4) 放置一个开关,横跨在面包板中间小沟上,其中一个引脚使用导线连接到面包板电源正极,另一个引脚使用导线连接到电路板 D0(GPIO16)口,电路连接如图 3-10 所示。

图 3-10 实践项目 3 电路连接图

(5) 在新建的 Arduino 程序窗口中输入以下代码。

```
//初始化各接口
void setup() {
  pinMode(14, OUTPUT);                    //D5(GPIO14)接绿色 LED,设置为输出
  pinMode(12, OUTPUT);                    //D6(GPIO12)接中间红色 LED,设置为输出
  pinMode(13, OUTPUT);                    //D7(GPIO13)接外侧红色 LED,设置为输出
  pinMode(16, OUTPUT);                    //D0(GPIO16)接开关,设置为输出
}
//循环调用
void loop() {
  //读取端口 16 的状态,当为低电平(开关没有按下)时
  if(digitalRead(16) == LOW) {
    //绿灯亮,2 盏红灯不亮
    digitalWrite(14, HIGH);
```

```
      digitalWrite(12, LOW);
      digitalWrite(13, LOW);
    }
    //当开关按下时
    else {
      //绿灯灭,D7 接口红灯亮,持续 0.5s
      digitalWrite(14, LOW);
      digitalWrite(12, LOW);
      digitalWrite(13, HIGH);
      delay(500);
      //D7 接口红灯灭,D6 接口红灯亮,持续 0.5s
      digitalWrite(13, LOW);
      digitalWrite(12, HIGH);
      delay(500);
    }
}
```

(6) 将 USB 线缆插入计算机的前面板上,上传程序后观察 LED 变化情况。

该实践项目的结果:初始状态绿色 LED 灯亮,两盏红色 LED 灯灭,当按下开关时,绿色 LED 灯熄灭,两盏红色 LED 灯交替点亮和熄灭(亮灭状态每次持续 0.5s)。

开关控制 LED 闪烁.mp4(82.3MB)

2. 交通红绿灯

(1) 将图 3-10 所示电路中的三盏 LED 灯拆下,在原绿色 LED 灯的位置放置一盏红色 LED 灯,原中间红色 LED 灯的位置放置一盏黄色 LED 灯,另一个位置放置一盏绿色 LED 灯,其余接线不变。

(2) 在新建的 Arduino 程序窗口中输入以下代码。

```
//初始化各接口
void setup() {
  pinMode(14, OUTPUT);                    //D5(GPIO14)接红色 LED,设置为输出
  pinMode(12, OUTPUT);                    //D6(GPIO12)接黄色 LED,设置为输出
  pinMode(13, OUTPUT);                    //D7(GPIO13)接绿色 LED,设置为输出
  pinMode(16, OUTPUT);                    //D0(GPIO16)接开关,设置为输出
}
//循环调用
void loop() {
  //读取端口 16 的状态,当为低电平(开关没有按下)时
  if(digitalRead(16) == LOW) {
    //红灯、绿灯不亮,黄灯持续闪烁
    digitalWrite(13, LOW);
    digitalWrite(14, LOW);
    digitalWrite(12, HIGH);
    delay(500);
```

```
    digitalWrite(12, LOW);
    delay(500);
  }
  //当开关按下时
  else {
    //红灯亮,持续 3s
    digitalWrite(12, LOW);
    digitalWrite(13, LOW);
    digitalWrite(14, HIGH);
    delay(3000);
    //红灯、黄灯一起亮,持续 1s
    digitalWrite(12, HIGH);
    digitalWrite(13, LOW);
    digitalWrite(14, HIGH);
    delay(1000);
    //绿灯亮,持续 3s
    digitalWrite(12, LOW);
    digitalWrite(13, HIGH);
    digitalWrite(14, LOW);
    delay(3000);
    //绿灯闪烁 3 次
    digitalWrite(13, LOW);
    delay(500);
    digitalWrite(13, HIGH);
    delay(500);
    digitalWrite(13, LOW);
    delay(500);
    digitalWrite(13, HIGH);
    delay(500);
    digitalWrite(13, LOW);
    delay(500);
    digitalWrite(13, HIGH);
    delay(500);
    //黄灯亮,持续 1s
    digitalWrite(13, LOW);
    digitalWrite(12, HIGH);
    delay(1000);
  }
}
```

(3) 将 USB 线缆插入计算机的前面板上,上传程序后观察 LED 变化情况。

该实践项目的结果:初始状态黄色 LED 灯持续闪烁,当按下开关时,红色 LED 灯亮起 3s,然后红色、黄色 LED 灯一起点亮 1s,之后绿色 LED 灯点亮 3s,在绿色 LED 灯闪烁 3 次后黄灯点亮 1s,如此循环,模拟现实中的交通信号灯状态。

交通红绿灯. mp4(39.3MB)

3.5.4 实践项目扩展

(1) 可以更换电路板上连接 LED 的接口,但在程序代码中应注意各接口的号码。

(2) 可以通过修改程序代码实现各种 LED 亮灭的效果，如霓虹灯、电子显示屏等。

本章小结

(1) 常见物联网软件开发平台有 Arduino、Eclipse IOT Project、Kinoma、M2M Labs Mainspring Node-RED。

(2) Arduino 不仅是硬件平台，也是一套软件，是建立在 C/C++基础上的，基于 wiring 语言开发，简单易学。

(3) Arduino 编程的基本语法包括运算符、常用数据类型、三种控制结构的应用。

(4) Arduino 编程的基本结构为

```
void setup()
{
}
void loop()
{
}
```

(5) Arduino 编程中常用函数有 pinMode()、digitalWrite()、digitalRead()、analogWrite()、analogRead()、delay()、Serial. begin()、Serial. read()、Serial. print()和 Serial. println()。

习题与思考

(1) 结合图 3-11 所示的电路接线图，编写代码实现 Arduino 用两个按键分别控制两盏 LED 灯点亮的效果。

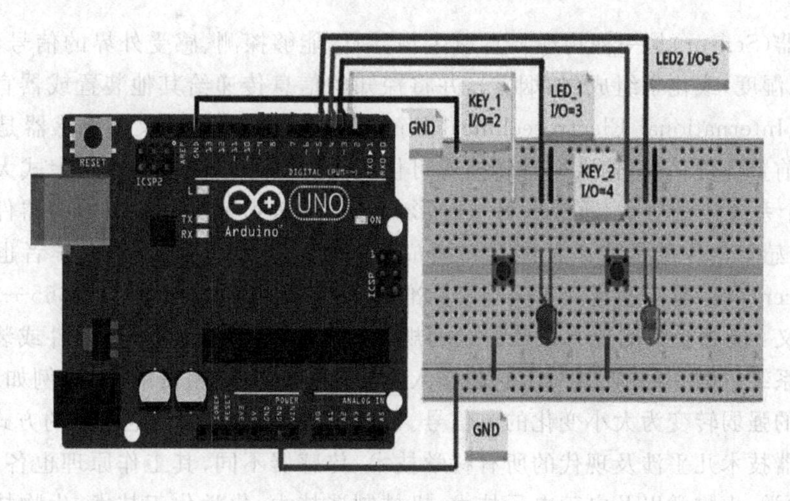

图 3-11　电路接线图

(2) 使用 Arduino 编程，控制两盏 LED 灯各自闪烁，其中一盏灯亮 1s，然后灭 1s，并保持此频率闪烁，另外一盏灯亮 3s，然后灭 3s，并保持此频率闪烁。

第4章 传感器技术与应用

4.1 传感器技术

4.1.1 传感器技术概述

现代信息技术的三大基础是信息的拾取、信息的传输和信息的处理,即传感器技术、通信技术和计算机技术,它们构成了当今信息社会的三大支柱,是信息技术系统的感官、神经和大脑。传感器技术位于信息技术之首,是信息技术之源,是获取信息的前端基础。现实世界传感器几乎无处不在,自动路灯、烟雾报警、自动开合的大门、汽车自动避障、电子秤、智能手机的触控、指纹感应、横竖屏自动转换、电子罗盘等,无一不是传感器的精妙之作。

传感器(Sensor)是一种物理装置或生物器官,能够探测、感受外界的信号、物理条件(如光、热、湿度)或化学组成(如烟雾),并将探知的信息传递给其他装置或器官。国际电工委员会(International Electrotechnical Commission,IEC)的定义:传感器是测量系统中的一种前置部件,它将输入变量转换成可供测量的信号。传感器在新韦式大词典中定义:从一个系统接受功率,通常以另一种形式将功率送到第二个系统中的器件。根据这个定义,传感器的作用是将一种能量转换成另一种能量形式,所以不少学者也用换能器(Transducer)来称谓传感器。我国国家标准《传感器通用术语》(GB/T 7665—2005)对传感器的定义:能感受被测量并按照一定的规律转换成可用输出信号的器件或装置。传感器是测量系统中的一种前置部件,它将输入变量转换成可供测量的信号,例如,光电传感器是将光的强弱转变为大小变化的电信号。不同的传感器转变为电信号的方式不同。

传感器技术几乎涉及现代的所有科学技术,传感器不同,其工作原理也各异,它涉及物理学、化学、生物学以及电工电子技术、机械制造技术、化学化工技术、生物技术等多方面知识,内容范围广而各自独立。传感器的制造涉及集成技术、薄膜技术、超导技术、纳米加工技术等诸多高新技术。因此,传感器的制造工艺难度很大,技术要求很高。传感器又具有良好的功能扩展性和适应性,它具有人的“五官”功能,又能检测人的五官不能感觉到的信息，同时能在人类无法忍受的高温、高压及核辐射等恶劣环境下工作。

4.1.2 传感器系统的基本特性

传感器系统的基本特性是指系统的输出与输入关系特性，即系统输出信号 Y(t)与输入(被测物理量)信号 z(t)之间的关系。一个传感器的输入对输出的影响被称为传感系数或灵敏度(sensitivity)。例如，一个水银温度计，每当温度上升 1℃时，水银柱上升 1cm，则这个水银温度计的传感系数为 1cm/℃。当一个传感器的输入和输出完全呈线性关系的时候，这个传感器就是一个理想传感器。同时，理想传感器还应该遵守以下原则：只受被测因素的影响，不受其他因素的影响，传感器本身不会影响被测因素。

根据输入信号 z(t)是否随时间变化的情况，传感器系统的基本特性分为静态特性和动态特性。传感器的静态特性主要指标有线性度、迟滞、重复性、灵敏度与灵敏度误差、分辨率与阈值、稳定性、温度稳定性、多种抗干扰能力及静态误差。常用拟合方法有理论拟合、过零旋转拟合、端点拟合、端的平移拟合及最小二乘法拟合。传感器的动态特性一般不能直接给出其微分方程，而是通过实验给出传感器与阶跃响应曲线和幅频特性曲线上的某些特征值来表示仪器的动态特性。

传感器系统的基本特性是系统对外呈现出的外部特性，但这类特性由其自身的内部参数决定。不同的传感器具有不同的内部参数，其基本特性也表现出不同的特点，对测量结果的影响也各不相同。一个高精度的传感器，必须具有良好的静态特性和动态特性，这样才能完成信号无失真的转换。

4.1.3 传感器的分类

由于被测参量种类繁多，其工作原理和使用条件各不相同，因此传感器的种类和规格十分繁杂，分类方法也很多。常采用的分类方法有以下几种。

按工作原理分类：电阻式传感器、电容式传感器、电感式传感器、压电式传感器、热电式传感器、阻抗式传感器、磁电式传感器、压电式传感器、光电式传感器、谐振式传感器、霍尔传感器、超声式传感器、同位素式传感器、电化学式传感器、微波式传感器等。

按应用分类：压力传感器、湿度传感器、温度传感器、pH 传感器、流量传感器、液位传感器、超声波传感器、浸水传感器、照度传感器、差压变送器、加速度传感器、位移传感器、称重传感器、测距传感器等。

按材料分类：金属、陶瓷、有机高分子材料、半导体等传感器。

按功能用途分类：计测用传感器、监视用传感器、检查用传感器、诊断用传感器、控制用传感器、分析用传感器等。

下面介绍几种典型的传感器。

1. MEMS 传感器

MEMS 即微机电系统(Micro-Electro-Mechanical System)，是 MEMS 传感器在微电子技术基础上发展起来的多学科交叉的前沿研究领域。经过 40 多年的发展，已成为世界瞩目的重大科技领域之一。它涉及电子、机械、材料、物理学、化学、生物学、医学等多种学科与技术，具有广阔的应用前景。MEMS传感器是采用微电子和微机械加工技术制造出来的新型传感器。与传统的传感器相比，它具有体积小、重量轻、成本低、功耗低、可靠性高、适合于批量化生产、易于集成和实现智能化的特点。同时，在微米量级的特征尺寸使得它可以完成某些传统机械传感器所不能实现的功能。

2. 温度传感器

顾名思义，就是测量温度的传感器。温度传感器的种类很多，经常使用的有热电阻——PT100、PT1000、Cu50、Cu100，热电偶——B、E、J、K、S等。温度传感器不但种类繁多，而且组合形式多样，应根据不同的场所选用合适的产品。测温原理：根据热电阻阻值、热电偶的电势随温度不同发生有规律的变化，可以得到所需要测量的温度值。

3. 压力传感器

压力传感器是工业实践中最为常用的一种传感器，其广泛应用于各种工业自控环境，涉及水利水电、铁路交通、智能建筑、生产自控、航空航天、军工、石化、油井、电力、船舶、机床、管道等众多行业。

4. 霍尔传感器

霍尔传感器是根据霍尔效应制作的一种磁场传感器，广泛应用于工业自动化技术、检测技术及信息处理等方面。霍尔效应是研究半导体材料性能的基本方法，通过霍尔效应实验测定的霍尔系数，能够判断半导体材料的导电类型、载流子浓度及载流子迁移率等重要参数。霍尔传感器分为线性型霍尔传感器和开关型霍尔传感器两种。线性型霍尔传感器由霍尔元件、线性放大器和射极跟随器组成，它输出模拟量。开关型霍尔传感器由稳压器、霍尔元件、差分放大器、斯密特触发器和输出级组成，它输出数字量。霍尔电压随磁场强度的变化而变化，磁场越强，电压越高，磁场越弱，电压越低。霍尔电压值很小，通常只有几毫伏，但经集成电路中的放大器放大，就能使该电压放大到足以输出较强的信号。若使霍尔集成电路起传感作用，需要用机械的方法来改变磁场强度。

5. 加速度传感器

加速度传感器是一种能够测量加速力的电子设备。加速力就是当物体在加速过程中作用在物体上的力，好比地球引力，也就是重力。加速力可以是个常量，比如 g，也可以是变量。加速度计有两种：一种是角加速度计，是由陀螺仪（角加速度传感器）改进的；另一种就是线加速度计。

6. 超声波传感器

超声波传感器是将超声波信号转换成其他能量信号（通常是电信号）的传感器。超声波是振动频率高于20kHz的机械波，它具有频率高、波长短、绕射现象小，特别是方向性好，能够成为射线而定向传播等特点。超声波对液体、固体的穿透本领很大，尤其是在阳光不透明的固体中。超声波碰到杂质或分界面会产生显著反射形成反射回波，碰到活动物体能产生多普勒效应。超声波传感器广泛应用在工业、国防、生物医学等方面。

4.1.4 传感器技术的发展

早在20世纪70年代中期，各国已经认识到了传感器的重要性。对于传感器市场，各国也是积极布局，注重人才的培养，发布了相关的优惠政策，以每年超过20%的增长速度推动了整个传感器市场的发展，2003年传感器就被列为21世纪最具影响的十大技术之一。事实上，全球从事研发制造传感器的企业有6500多家，所生产的传感器有2.6万余种，而且随着市场的不断变化，未来传感器的种类将会越发繁多。

机遇与挑战总是并存的，随着电子器件的集成化发展，对传感器的要求也逐步提高，为了适应市场需求，传感器开始从单一性能向微型化、数字化以及智能化等方向发展。传感器未来技术方展方向大致有以下几个方面。

(1) MEMS工艺和新一代固态传感器微结构制造工艺。深反应离子刻蚀(DRIE)工艺或IGP工艺、封装工艺，如常温键合倒装焊接、无应力微薄结构封装、多芯片组装工艺。

(2) 集成工艺和多变量复合传感器微结构集成制造工艺，工业控制用多变量复合传感器。

(3) 智能化技术与智能传感器信号有线或无线探测、变换处理、逻辑判断、功能计算、双向通信、自诊断等智能化技术，智能多变量传感器、智能电量传感器和各种智能传感器、变送器。

(4) 网络化技术和网络化传感器，使传感器具有工业化标准接口和协议功能。

近年来，国内传感器行业也得到了飞速发展。据最新年报预计，2017年仅中国传感器市场份额将达2070亿元，而且涨势未停。据业者估计，未来5年全球将迎来传感器增长的高峰期。

4.2 无线传感器网络

4.2.1 无线传感器网络概述

无线传感器网络(Wireless Sensor Networks，WSN)是由部署在监测区域内大量的廉价微型传感器节点组成，通过无线通信方式形成的一个多跳的自组织网络系统，其目的是协作地感知、采集和处理网络覆盖区域中被感知对象的信息，并发送给观察者。无线传感器网络的基本元素是传感器节点。智能尘埃(Mote)是用于描述传感器节点的另一个术语，最初由加州大学伯克利分校及其合作伙伴Crossbow和英特尔等厂商提出，每个Mote含有一个微型处理器(通常是低功耗MCU)、无线通信芯片、各种传感器、足够的内存和硬件能力，能够以较低的功耗执行监视与控制任务。

WSN中的传感器通过无线方式通信，因此网络设置灵活，设备位置可以随时更改，还可以跟互联网进行有线或无线方式的连接。这些传感器相互连接的方式类似于无线笔记本电脑、台式机和PDA与互联网连接的方式，它们只需极少功率，同时随着其价格在未来几年的不断降低，相关应用将得到进一步推广。它们如同种子一样遍布每个角落，彼此互通，可在环境监视和信息收集过程中发挥重要作用。像任何有感觉能力的生物体一样，WSN依赖的是来自物理世界的传感数据，传感数据来自分布在各处的传感器，不同形态的传感器处于灵活的网络构架(通常称为网状网络)之中，以无线方式发射/接收信号。只要邻近的Mote距离不超过100m，就不需要有线方式连接网络。在一个工厂中，数百个Mote形成一个类似蜘蛛网的网状传感器网络，实际上具有无数个可以双向传送信息的路径。WSN具有多级冗余、自组网和自愈能力，意即如果有任意一个或多个Mote失效，剩余的许多Mote将重新形成一个新的通信网络。当这个或多个Mote重新正常工作时，它将自动被融入先前的网络中。这种特性为用户提供了随时添加或减少传感器网络中Mote数目的功能，不需要设置网络结构和路由。

4.2.2 无线传感器网络的安全

WSN是一种大规模的分布式网络，常部署于无人维护、条件恶劣的环境当中。另外，大多数传感器网络在进行部署前，其网络拓扑是无法预知的，部署后整个网络拓扑、传感节点在网络中的角色也是经常变化的，因而不像有线网、大部分无线网那样对网络设备进行完全配置。对传感节点进行预配置的范围是有限的，很多网络参数、密钥等都是传感节点在部署后进行协商后形成的。因此，无线传感器网络易于遭受传感节点的物理操纵、传感信息的窃听、拒绝服务攻击、私有信息的泄露等多种威胁和攻击。

安全是系统可用的前提，需要在保证通信安全的前提下，降低系统开销，研究可行的安全算法。由于无线传感器网络受到的安全威胁和移动Ad-Hoc网络不同，所以现有的网络安全机制无法应用于本领域，需要开发专门协议。在此领域也出现了大量的研究成果，如无线传感器网络中的两种专用安全协议：安全网络加密协议SNEP(Sensor Network Encryption Protocol)和基于时间的高效的容忍丢包的流认证协议μTESLA。SNEP的功能是提供节点到接收机之间数据的鉴权、加密、刷新；μTESLA的功能是对广播数据的鉴权。

4.2.3 无线传感器网络的发展

由于监控物理环境的重要性从来没有像今天这么突出，无线传感器网络已被视为环境监测、建筑监测、公用事业、工业控制以及家庭、船舶和运输系统自动化中的下一个发展方向。尽管WSN为业界提供了巨大的想象空间，但由于节点成本、功耗和体积等关键问题一直没有很好解决，过去很多年来，WSN一直限于科研机构和实验室。目前，无线传感器网络市场仍处于发展的初期阶段，多项技术和标准仍在争夺主导地位，而这种分散状态妨碍了该市场的增长。许多WSN设备使用IEEE 802.15.4芯片。在网络连接层面，为了进入住宅应用，ZigBee协议在与Zensys的Z-Wave和SmartLabs的Insteon进行竞争。WSN将在许多场所找到用武之地，利用它可以实现对一切的控制，从家庭照明直到工厂自动化。应用于住宅的产品最先出现，因为这些应用比较简单，交货期较短，测试与可靠性要求也不高。

不过，随着微电机系统(MEMS)、低功耗无线通信协议(ZigBee)和数字电路设计的飞速发展，上述这些难点正在被解决，无线传感器网络可以告诉你发动机什么时候需要维护，监视建筑物或森林以预防火灾，或警告使用微型传感器节点地区的水坝是否出现坍塌迹象等。例如，在一个新建居住综合楼现场，其中一个租用的拖拉机发生了调协问题，导致引擎振动失常，不规律振动表明引擎出现了故障，最终导致工作无法正常进行。通过采用公司部署在现场的无线传感器技术，传感器能够提前检测出不规则问题，并通过电子邮件告知公司技术人员。不久，技术人员就会到达现场，在问题恶化之前加以修复，甚至客户都不会发现需要进行调整。

4.2.4　无线多媒体传感器网络

无线多媒体传感器网络(Wireless Multimedia Sensor Networks，WMSN)是在传统WSN的基础上引入视频、音频、图像等多媒体信息感知功能的新型传感器网络。它是在无线传感器网络中加入了一些能够采集更加丰富的视频、音频、图像等信息的传感器节点，由这些不同的节点组成了具有存储计算和通信能力的分布式传感器网络，从而在医疗监护、交通监控、智能家居等实际应用中帮助我们获取视频、音频、图像等多媒体信息。

4.3　传感器应用实例

传感器可探测包括地震、电磁、温度、湿度、噪声、光强度、压力、土层成分以及移动物体的大小、速度和方向等周边环境中多种多样的现象。潜在的应用领域可以归纳为军事、航空、防爆、救灾、环境、医疗、保健、家居、工业、商业等。生活中常见的传感器应用有空调的控温——利用半导体等的电阻随温度变化来达到温控目的；自动门——利用人体的红外微波来开关门；烟雾报警器——利用烟敏电阻来测量烟雾浓度，从而达到报警目的；电子秤——将压力施加于电阻体上，使其电阻值发生变化，从而达到测量重量的目的；光控灯——利用半导体的光导效应或光生伏特效应，光生伏特效应是通过光照射，将半导体PN结产生的电压或电流作为输出加以检测，这些效应都是利用了光的量子性质；还有水位报警、温度报警、湿度报警、光学报警等都属于传感器应用。

以智能手机为例，它不仅仅是通话的工具，还支持那么多的娱乐应用，归根结底在于它里面集成的各类传感器，主要有重力感应器、三轴加速度传感器、电子罗盘、三轴陀螺仪和光线距离感应器等。

1. 重力感应器

重力感应器算是比较早的手机传感器，现在大多数主流智能机都装有这个配置。很多游戏都运用到重力感应器，如极品飞车系列、现代战争系列等，它们带给用户新鲜的体验。何谓重力感应技术呢？简单来说，它是基于压电效应，通过测量内部一片重物重力正交两个方向分力的数值，这样判别水平方向。一般手机系统默认重力感应的中心为水平放置，但是在应用中，用户在娱乐时难以做到让手机永远保持水平姿势，所以用户可以自己选择设置持握状态下的中心。如果手机只装配了重力感应器，那它最多只能感应倾斜90°，如果再加上三轴加速度传感器，那就扩展到360°了。

2. 三轴加速度传感器

三轴加速度传感器是手机中另一个非常重要的传感器,可以根据重力感应器产生的加速度来推算出手机相对于水平面的倾斜度,所以有时人们把它与重力感应器相混淆。下面说说它们之间的不同点。第一,MEMS三轴加速度传感器可以感知内容有重力、手机的静态姿态以及运动方向等。第二,装有三轴加速度传感器的手机屏幕会随着角度的不同智能旋转,手机中甩歌功能、微信中摇一摇都是利用它实现的。此外,游戏中也经常需要用到它,赛车中的漂移触发就是来源于此。

3. 电子罗盘

电子罗盘可以用来感知方位,这在无GPS信号或网络状态不好的时候很有用处。它是通过地球磁场来进行分辨的,紧急情况下可以当作指南针使用,感知方向。

4. 三轴陀螺仪

最早,陀螺仪大多应用于直升机中,以保持飞机姿态,体积也比较大。有了MEMS技术之后,把它的体积变小很多,可以集成到手机里面,价格也降低很多。它是利用角动量守恒原理,可以判别物体在空间中的相对位置、方向、角度和水平的变化。启用陀螺仪之后,需要不断转动身体进行操作,这也给用户带来一种实战的感觉。有些战争游戏就是靠陀螺仪来进行瞄准射击的。

5. 光线距离感应器

光线距离感应器是利用光线传感器进行实现的,通过识别外界光线的强弱让屏幕亮度自动调节。距离感应器也叫作位移传感器,它是通过感应传感器到用户间的距离变化来实现操作。通常它位于听筒附近,当接听或拨打电话时,距离感应器通过测量耳朵与听筒之间的距离,让屏幕显示自动开启和关闭,达到节约电池电量及防止误操作的目的。

4.4 实践项目4:温湿度传感器应用

4.4.1 实践项目目的

通过本实践项目,熟悉温湿度传感器的安装使用过程,掌握在Arduino项目中读取温湿度数值的方法。掌握在串口监视器和液晶显示模块中输出获取到的温湿度数值的方法,熟悉利用读取到的数据进行LED控制的常用技巧。

4.4.2 实践项目要求

(1) 使用ESP 8266电路板、温湿度传感器(如图4-1所示)及导线搭建实践项目电路,编写相应Arduino程序代码读取传感器获取到的环境温湿度数值,并通过Arduino程序提供的串口监视器输出显示相应数据。

(2) 在第(1)步中添加串口液晶显示模块(如图4-2所示),修改程序代码,实现通过串口液晶显示模块的屏幕显示传感器获取到的环境温湿度数值。

图4-1　温湿度传感器

图4-2　串口液晶显示模块

(3) 在第(1)步中添加三盏LED灯,实现通过传感器获取到的环境温度值自动控制LED灯的点亮和熄灭的效果。随着环境温度值的升高,LED依次被点亮;反之,LED依次熄灭。

4.4.3　实践项目过程

1. 通过串口监视器输出环境温湿度数值

(1) 将一个温湿度传感器放置在面包板上,注意三个引脚必须位于不同的行。分别使用导线将传感器的VCC连接到电路板的3V3接口(也可将VCC连接到面包板的电源总线正极上),将GND连接到电路板的GND接口,将DATA连接到电路板的D5(GPIO14)接口,电路连接如图4-3所示。

图4-3　通过串口监视器输出环境温湿度数值电路连接图

(2) 在新建的Arduino程序窗口中输入以下代码。

```
#include<dht11.h>                  //包含温湿度传感器的头文件,实践项目2中已更新该
                                   //库文件
dht11 DHT11;
#define DHT11PIN 14                //定义温湿度传感器连接的端口
void setup() {
```

```
    Serial.begin(115200);                 //设置串口通信速率
  }
  void loop() {
    Serial.println("\n");                 //换行
    int chk = DHT11.read(DHT11PIN);       //读数据
    Serial.print("Sensor State: ");
    switch (chk) {                        //捕捉传感器的错误
      case DHTLIB_OK:                     //正常时
        Serial.println("OK");
        break;
      case DHTLIB_ERROR_CHECKSUM:         //出现校验和错误时
        Serial.println("CheckSum Error");
        break;
      case DHTLIB_ERROR_TIMEOUT:          //出现超时错误时
        Serial.println("TimeOut");
        break;
      default:
        Serial.println("Unknown Error");
        break;
    }
    //输出湿度数据到串口监视器
    Serial.print("temperature: ");
    Serial.print(String(DHT11.temperature));
    Serial.println("C");
    //输出温度数据到串口监视器
    Serial.print("Humidity: ");
    Serial.print(String(DHT11.humidity));
    Serial.println("%");
    delay(2000);                          //2s 后更新
  }
```

(3) 将连接到电路板的USB线缆插入计算机,程序上传成功后单击右上角的按钮,打开串口监视器,修改右下角的波特率为115200,观察其中输出的温湿度数据。试图改变传感器附近的环境温湿度(如向传感器上吹气),观察串口监视器中数据的变化情况,结果如图4-4所示。

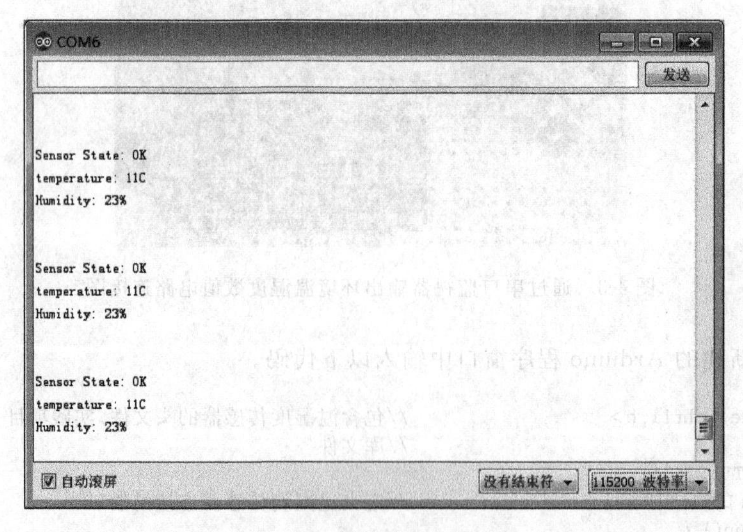

图 4-4 串口监视器输出实践项目结果

通过串口监视器输出环境温湿度数值.mp4(49.5MB)

2. 通过串口液晶显示模块输出温湿度数值

(1) 在图 4-3 所示电路的基础上放置一个串口液晶显示模块在面包板上,分别使用导线将液晶模块的 VCC 连接到电路板 3V3 接口,将 GND 连接到电路板 GND 接口,将 SCL 连接到电路板 D1(GPIO5)接口,将 SDA 连接到电路板 D2(GPIO4)接口,电路连接如图 4-5 所示。

图 4-5 通过串口液晶显示模块输出温湿度数值电路连接图

(2) 在新建的 Arduino 程序窗口中输入以下代码。

```
#include <dht11.h>
#include <Wire.h>
#include <ACROBOTIC_SSD1306.h>
dht11 DHT11;
#define DHT11PIN 14
void setup() {
  Wire.begin();
  oled.init();                          //初始化液晶显示模块显示的信息
  oled.clearDisplay();                  //清除屏幕
  oled.setTextXY(0,0);                  //设置显示内容的开始坐标
  oled.putString("Read Sensor: ");
  oled.setTextXY(2,0);
  oled.putString("Humidity: ");
  oled.setTextXY(4,0);
```

```
  oled.putString("Temperature: ");
}
void loop() {
  int chk = DHT11.read(DHT11PIN);
  switch (chk) {
    case DHTLIB_OK:
      oled.setTextXY(0,12);
      oled.putString("OK");
      break;
    case DHTLIB_ERROR_CHECKSUM:
      oled.setTextXY(0,0);
      oled.putString("Checksum error");
      break;
    case DHTLIB_ERROR_TIMEOUT:
      oled.setTextXY(0,0);
      oled.putString("Time out error");
      break;
    default:
      oled.setTextXY(0,0);
      oled.putString("Unknown error");
      break;
  }
  //输出温湿度值
  oled.setTextXY(2,9);
  oled.putString(String(DHT11.humidity));
  oled.setTextXY(2,11);
  oled.putString(" % ");
  // Print Temperature
  oled.setTextXY(4,12);
  oled.putString(String(DHT11.temperature));
  oled.setTextXY(4,14);
  oled.putString("C");
  //2s 后更新
  delay(2000);
}
```

(3) 将连接到电路板的 USB 线缆插入计算机，程序上传成功后观察液晶显示模块，将显示出相应的温湿度数据。

通过串口液晶显示模块输出温湿度数值.mp4(46.5MB)

3．通过温度值控制 LED 灯

(1) 将图 4-5 所示电路中的串口液晶显示模块及其导线拆除，并将图 4-3 所示电路中的电源和接地分别连接到面包板电源总线上。

(2) 放置 3 盏 LED 灯在面包板上,分别使用 3 个 1kΩ 电阻将 LED 的负极连接到面包板电源总线负极上,将一盏 LED 灯的正极连接到电路板 D6(GPIO12)接口,一盏 LED 灯的正极连接到电路板 D7(GPIO13)接口,一盏 LED 灯的正极连接到电路板 D8(GPIO15)接口,电路连接如图 4-6 所示。

图 4-6　通过温度值控制 LED 灯电路连接图

(3) 在新建的 Arduino 程序窗口中输入以下代码。

```
#include <dht11.h>
dht11 DHT11;
#define DHT11PIN 14
const int baseTemp = 12;                    //定义标准温度值
void setup() {
  Serial.begin(115200);
  //初始化与 LED 灯连接的各接口状态
  pinMode(12,OUTPUT);
  pinMode(13,OUTPUT);
  pinMode(15,OUTPUT);
  digitalWrite(12,LOW);
  digitalWrite(13,LOW);
  digitalWrite(15,LOW);
}
void loop() {
  DHT11.read(DHT11PIN);
  int temp = DHT11.temperature;
  Serial.println("\n");
  Serial.print("temperature: ");
  Serial.print(String(temp));
  Serial.println("C");
  delay(2000);
  //如果当前温度低于标准温度,3 盏灯均熄灭
  if(temp < baseTemp) {
    digitalWrite(12,LOW);
    digitalWrite(13,LOW);
    digitalWrite(15,LOW);
```

```
    }
    //如果当前温度高于标准温度2℃以内,亮1盏灯
    else if(temp >= baseTemp&&temp < baseTemp + 2) {
      digitalWrite(12,HIGH);
      digitalWrite(13,LOW);
      digitalWrite(15,LOW);
    }
    //如果当前温度高于标准温度2℃以上4℃以内,亮2盏灯
    else if(temp >= baseTemp + 2&&temp < baseTemp + 4) {
      digitalWrite(12,HIGH);
      digitalWrite(13,HIGH);
      digitalWrite(15,LOW);
    }
    //如果当前温度高于标准温度4℃以上,3盏灯全亮
    else {
      digitalWrite(12,HIGH);
      digitalWrite(13,HIGH);
      digitalWrite(15,HIGH);
    }
}
```

(4) 将连接到电路板的USB线缆插入计算机,程序上传成功后打开串口监视器查看当前环境温度值,通过改变环境温度观察3盏LED灯状态的变化。

该实践项目的结果:当环境温度值小于标准温度(本例的标准温度为12℃)时,3盏LED灯均熄灭;当环境温度值大于或等于12℃且小于14℃时,一盏LED灯点亮;当环境温度大于或等于14℃且小于16℃时,两盏LED灯点亮;当环境温度大于或等于16℃时,3盏LED灯均点亮。

通过温度值控制LED灯.mp4(72.7MB)

4.5 实践项目5:超声波传感器应用

4.5.1 实践项目目的

通过本实践项目,熟悉供电模块提供不同电压电源的方法。熟悉超声波传感器的安装使用过程,掌握在Arduino项目中读取并在串口监视器中输出距障碍物距离的方法,并掌握通过蜂鸣器表现不同距离的实现过程。

4.5.2 实践项目要求

(1) 使用供电模块(如图4-7所示)、LED灯和导线搭建实践项目电路,测试不同输出

电压点亮 LED 灯的不同亮度效果。

(2) 使用 ESP 8266 电路板、超声波传感器(如图 4-8 所示)、供电模块及导线搭建实践项目电路,编写 Arduino 程序代码,实现通过串口监视器显示障碍物与传感器的距离值。

(3) 在第(2)步的基础上添加一个无源蜂鸣器(如图 4-9 所示),修改代码,实现通过传感器获取到的距离值控制蜂鸣节奏的效果,模拟汽车倒车雷达。

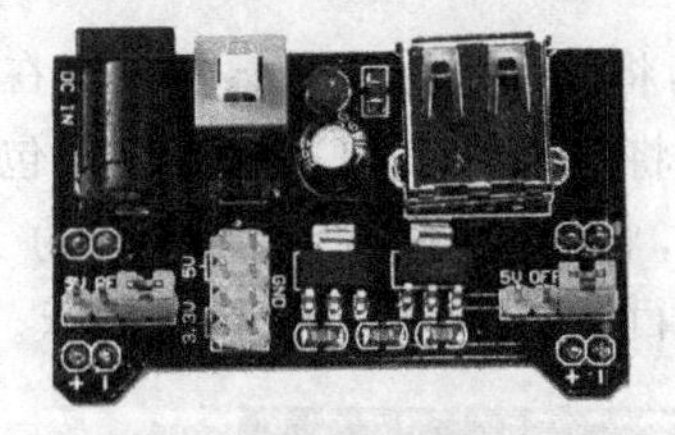

图 4-7　供电模块

图 4-8　超声波传感器

图 4-9　无源蜂鸣器

4.5.3　实践项目过程

1. 不同电压值对 LED 灯亮度的影响

(1) 将一个供电模块放置在面包板上,注意正负极必须与面包板电源总线的正负极一致。通过跳线将两侧输出电压分别设置为 3.3V 和 5V,使用 9V 电池供电(也可使用变压器将交流电源变为 9V 后供电)。分别放置两盏 LED 灯(为了实现对比效果,建议选用相同颜色)在面包板的两个区域,分别使用 1kΩ 的电阻将面包板电源总线正极与 LED 灯正极相连,使用导线将面包板电源总线负极与 LED 灯负极相连,电路连接如图 4-10 所示。

图 4-10　不同电压值对 LED 灯亮度的影响电路连接图

(2) 打开供电模块的开关,观察两盏 LED 灯的亮度,发现输出电压为 5V 的 LED 灯的亮度要大于输出电压为 3.3V 的 LED 灯。

不同电压值对LED灯亮度的影响.mp4(63.0MB)

2. 通过串口监视器输出障碍物距离数值

(1) 拆除图4-10所示电路中的LED灯、电阻及导线，将一个超声波传感器放置在面包板上，注意4个引脚必须位于不同的行。分别使用导线将传感器的VCC连接到面包板5V电源总线正极，将GND连接到5V电源总线负极，将Trig连接到电路板的D6(GPIO12)接口，将Echo连接到电路板的D5(GPIO14)接口，电路连接如图4-11所示。

图4-11　通过串口监视器输出障碍物距离数值电路连接图

(2) 在新建的Arduino程序窗口中输入以下代码。

```
//定义传感器引脚连接的电路板接口
#define TRIGGER 12
#define ECHO 14
void setup() {
  Serial.begin (115200);
  pinMode(TRIGGER, OUTPUT);
  pinMode(ECHO, INPUT);
}
void loop() {
  long duration, cm, inches;
  //先发送一个短的低脉冲,以保证数据准确性,再发送一个10μs的高脉冲
  digitalWrite(TRIGGER, LOW);
  delayMicroseconds(2);
  digitalWrite(TRIGGER, HIGH);
  delayMicroseconds(10);
  digitalWrite(TRIGGER, LOW);
```

```
    //从传感器上获取从发送脉冲到遇到障碍物返回接收到的时间差
    duration = pulseIn(ECHO, HIGH);
    //将时间分别转换成厘米和英寸
    cm = (duration/2) / 29.1;
    inches = (duration/2) / 74;
    //输出结果
    Serial.print("The distance is: ");
    Serial.print(cm);
    Serial.println("cm");
    Serial.println(" OR ");
    Serial.print(inches);
    Serial.println("inches");
    delay(1000);
}
```

(3) 将连接到电路板的USB线缆插入计算机，程序上传成功后打开供电模块开关，在Arduino的串口监视器窗口(修改波特率为115200)查看障碍物距传感器的距离值。通过改变障碍物的距离(在传感器前方移动手掌)观察数值的变化，结果如图4-12所示。

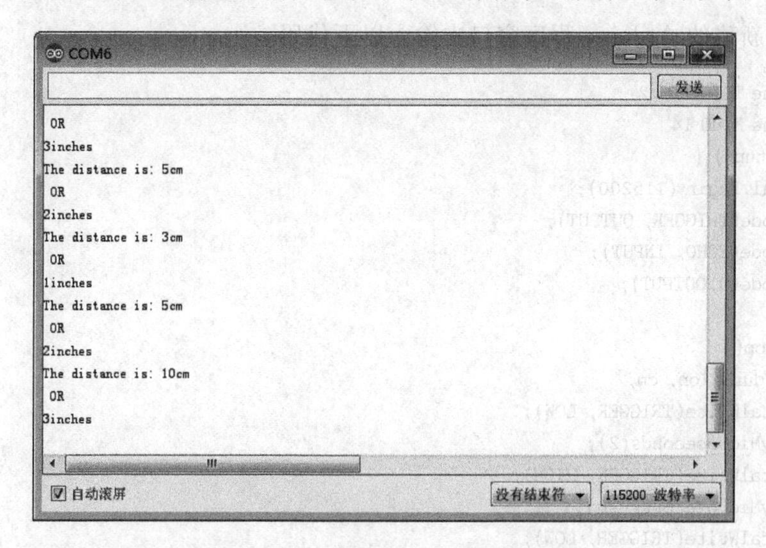

图4-12　串口监视器输出实践项目结果

通过串口监视器输出障碍物距离数值.mp4(66.2MB)

3. 通过障碍物距离控制蜂鸣器节奏

(1) 在图4-11所示电路的基础上放置一个无源蜂鸣器在面包板上，注意3个引脚必须位于不同的行。分别使用导线将蜂鸣器的中间引脚连接到面包板的5V电源总线正极，将负极连接到面包板的5V电源总线负极，将标注有S的引脚连接到电路板的D3(GPIO0)接口，电路连接如图4-13所示。

图4-13　通过障碍物距离控制蜂鸣器节奏电路连接图

(2) 在新建的Arduino程序窗口中输入以下代码。

```
#define TRIGGER 12
#define ECHO 14
void setup() {
  Serial.begin (115200);
  pinMode(TRIGGER, OUTPUT);
  pinMode(ECHO, INPUT);
  pinMode(0,OUTPUT);
}
void loop() {
  long duration, cm;
  digitalWrite(TRIGGER, LOW);
  delayMicroseconds(2);
  digitalWrite(TRIGGER, HIGH);
  delayMicroseconds(10);
  digitalWrite(TRIGGER, LOW);
  duration = pulseIn(ECHO, HIGH);
  cm = (duration/2) / 29.1;
  int pinBuzzer = 0;                    //定义蜂鸣器S引脚连接的电路板接口
  long frequency = 300;                 //频率,单位为Hz
  //如果距离大于15cm,蜂鸣器不叫
  if(cm>15)
    noTone(pinBuzzer);                  //停止发声
  //如果距离大于10cm且小于或等于15cm,蜂鸣器缓叫
  if(cm<=15 && cm>10){
    //用tone()函数发出频率为frequency的波形
    tone(pinBuzzer, frequency);
    delay(500);                         //等待0.5s
    noTone(pinBuzzer);                  //停止发声
```

```
    delay(500);                      //等待 0.5s
  }
  //如果距离大于 5cm 且小于或等于 10cm,蜂鸣器急叫
  if(cm <= 10&&cm > 5){
    tone(pinBuzzer, frequency);
    delay(300);
    noTone(pinBuzzer);
    delay(300);
  }
  //如果距离小于或等于 5cm,蜂鸣器长叫
  if(cm <= 5){
    tone(pinBuzzer, frequency);
    delay(100);
  }
}
```

(3) 将连接到电路板的 USB 线缆插入计算机,程序上传成功后打开供电模块开关,通过改变障碍物的距离(在传感器前方移动手掌)控制蜂鸣器的节奏。

该实践项目的结果:当障碍物距超声波传感器较远时(本例设置为 15cm 以上),蜂鸣器不响;当缓慢移动靠近传感器时,蜂鸣器开始缓慢间断响起,距离越近,响起的节奏越快,直到长响,模拟出汽车倒车雷达的效果。

通过障碍物距离控制蜂鸣器节奏.mp4(49.6MB)

本章小结

本章介绍了传感器的概念、常见传感器分类方法、传感器技术发展、传感器系统特性、无线传感器网络以及常见的传感器技术应用案例等内容,并通过温湿度传感器和超声波传感器应用两个实践项目初步展示了传感器技术的应用实例。

习题与思考

(1) 传感器的分类有哪些?

(2) 一个理想的传感器系统应具备什么特征?

(3) 无线传感器网络的构成要素有哪些?

第5章 射频识别技术应用

5.1 射频识别技术

5.1.1 射频识别技术概论

射频识别,即 RFID(Radio Frequency Identification)技术,又称无线射频识别,是一种非接触式的自动识别技术,可通过无线电信号识别特定目标并读/写相关数据,而无须在识别系统与特定目标之间建立机械或光学接触。无线电信号是通过调成无线电频率的电磁场,把数据从附着在物品上的标签上传送出去,以自动辨识与追踪该物品。某些标签在识别时从识别器发出的电磁场中就可以得到能量,并不需要电池;也有标签本身拥有电源,并可以主动发出无线电波(调成无线电频率的电磁场)。标签包含了电子储存的信息,数米之内都可以识别。

许多行业都运用了射频识别技术,例如,将标签附着在一辆正在生产中的汽车上,厂方便可以追踪此车在生产线上的进度;仓库可以追踪药品的位置。射频标签也可以附于牲畜与宠物上,方便对牲畜与宠物的积极识别(积极识别意思是防止数只牲畜使用同一个身份)。射频识别的身份识别卡可以使员工得以进入建筑锁住的部分,汽车上的射频应答器也可以用来征收收费路段与停车场的费用。目前,RFID 射频识别技术已经广泛应用于医疗卫生、仓储、物流、生产自动化、门禁、公路收费、停车场管理、身份识别、货物跟踪、人员定位、动物管理等,其新的应用范围还在不断扩展,层出不穷。

5.1.2 射频识别系统

最基本的 RFID 系统至少应包括两个部分:一是阅读器(Reader);二是电子标签(或称射频卡、应答器等),另外还应包括天线、主机等。RFID 系统在具体的应用过程中,根据不同的应用目的和应用环境,系统的组成会有所不同。电子标签中一般保存有约定格式的电子数据,相当于条码技术中的条码符号,用来存储需要识别传输的信息。另外,与条码不同的是,电子标签必须能够自动或在外力的作用下,把存储的信息主动发射出去。

标签进入磁场后，如果接收到阅读器发出的特殊射频信号，就能凭借感应电流所获得的能量，通过卡内置发送天线将存储在芯片中的产品信息（Passive Tag，无源标签或被动标签）发送出去，或者主动发送某一频率的信号（Active Tag，有源标签或主动标签），系统接收天线接收到从射频卡发送来的载波信号，经天线调节器传送到阅读器，阅读器读取信息并进行解调和解码后，送至中央信息系统进行有关数据处理。中央信息系统会根据逻辑运算判断该卡的合法性，针对不同的设定做出相应的处理和控制，发出指令信号控制执行机构动作。

射频识别标签包括被动式标签（无源标签）、主动式标签（有源标签）以及半主动式标签（电池辅助式无源标签）等。

被动式标签没有内部供电电源，其内部集成电路通过接收到的电磁波进行驱动，这些电磁波是由RFID读取器发出的。当标签接收到足够强度的信号时，可以向阅读器发出数据。这些数据不仅包括ID号（全球唯一代码），还可以包括预先存在于标签内EEPROM（电可擦拭可编程只读内存）中的数据。由于被动式标签具有价格低廉、体积小巧、无须电源等优点，目前市场所运用的RFID标签都以被动式为主。被动式标签借由阅读器发射出的电磁波获得能量，并回传相对应的反向散射信号至阅读器，然而在传播路径衰减的环境下，限制了标签的读取距离。

一般而言，被动式标签的天线有两种作用：接收阅读器发出的电磁波，借以驱动标签内的IC。标签回传信号时，需要借由天线的阻抗做信号的切换，才能产生0与1的数字变化。若要想得到更好的回传效率，天线阻抗必须设计在“开路与短路”，这样又会使信号完全反射，无法被标签的IC接收。半主动式标签设计就是为了解决这样的问题。半主动式标签的规格类似于被动式，只不过它多了一块小型电池，电力恰好可以驱动标签内的IC，若标签内的IC仅收到阅读器发出的微弱信号，标签还是有足够的电力将标签内的内存资料回传到阅读器。这样的好处在于半主动式标签的内建天线不会因阅读器电磁波信号强弱而无法执行任务，并且有足够的电力回传信号。相较之下，半主动式标签比被动式标签在反应速度上更快、距离更远且效率更好。

与被动式标签和半主动式标签不同的是，主动式标签本身具有内部电源供应器，用以供应内部IC所需电源以产生对外的信号。一般来说，主动式标签拥有较长的读取距离和可容纳较大的内存容量以储存阅读器传送来的一些附加信息。主动式标签与半主动式标签的差异：主动式标签可借由内部电力，随时主动发射内部标签的内存资料到阅读器。主动式标签又称为有源标签，内建电池，可利用自有电力在标签周围形成有效活动区，主动侦测周遭有无阅读器发射的呼叫信号，并将自身的资料传送给阅读器。

主动式（有源）标签内置有电池，周期性发射识别信号。电池辅助式无源（BAP）标签内置有小电池，只在射频阅读器附近才会触发。被动式标签没有电池，它是用阅读器传出的无线电波的能量来供给自身电力，所以更加便宜小巧。然而，为了使被动式标签工作，必须将其照射在约莫三倍于信号传输能量级的环境中，这导致了干涉和辐射问题。标签可以是只读式或读写式的，只读式标签是厂方设定一个串行号，作为登录该物品数据库的密码；读写式标签的系统使用者可以把某物品的特定数据写进标签。现场可编程序的标签是单次写入多次读取（WORM）的，用户可以把产品的电子码写进空白标签里。一个没有串行号的标签常常会有被操控的危险。射频识别标签至少有两部分：一是一个集成电路来存储和处理信息，调制和解调一段射频信号，从阅读器传来信号中的收集直流电能等；二是一个天线收取信号传导信号。标签信息被储存在非易失性内存中。射频识别标签包括一块逻辑集成芯片或一个已编程或可编程的数据处理器来分别处理传送和传感器数据。

电子产品码(EPC)是射频标签中储存的常见的数据类型。当由 RFID 标签打印机写入标签时，标签包含 96 位的数据串，前 8 位是一个标题，用于标识协议的版本，接下来的 28 位识别管理这个标签的数据的组织，该组织的编号是由 EPCglobal 协会分配的，接下来的 24 位是对象分类，用于确定是什么类别的产品，最后 36 位是这个标签唯一的串行号，最后这两个字段是由发布该标签的组织设置的。与 URL 不同的是，总的电子产品码编号可以用来作为进入全球数据库的钥匙，它能唯一地标识一个特定的产品。

5.1.3 射频识别技术及性能参数

射频识别标签是目前射频识别技术的关键。射频识别标签可存储一定容量的信息并具有一定的信息处理功能，读写设备可通过无线电信号以一定的数据传输率与标签交换信息，作用距离可根据采用的技术从若干厘米到 1km 不等。

识别标签的外形尺寸主要由天线决定，而天线又取决于工作频率和对作用距离的要求。目前有 4 种频率的标签在使用中比较常见，它们是按照自带的无线电频率划分为低频标签(125kHz 或 134.2kHz)、高频标签(13.56MHz)、超高频标签(868～956MHz)以及微波标签(2.45GHz)。由于目前尚未制定出针对超高频标签使用的全球规范，所以此类标签还不能够在全球统一使用，而超高频标签的应用目前最受人们的注意，此类标签主要应用在物流领域。频率越高，作用距离就越大，数据传输率也就越高，识别标签的外形尺寸就可以做得更小，但成本也就越高。目前面向消费者的识别标签外形尺寸需求，一般以信用卡或商品条形码为准。

一般来说，会有多个标签同时回应标签读取器，例如，很多个贴有标签的单独的产品可能会被放在一个共用的盒子或一个共用的托盘上进行运输。冲突检测在能够读取这样的数据时是非常重要的，使用两种不同类型的协议来“辨识”某一标签，能够从许多类似的标签中读取出它的数据。在 Slotted Aloha 系统中，读取器发出一个初始化命令和一个参数，标签单独用来伪随机地延迟它们的回应。当使用“自适应二进制树”的协议时，读取器发送一个初始化符号，然后一次发送一位 ID 数据，只有与这一位相符的标签才会响应，最终只有一个标签能符合整个 ID 字符串，但这两种方法在用于多个标签或多个重叠的读取器时都有缺点。

鉴于标签和读写设备之间无须建立机械或光学接触，密码技术在整个射频识别技术领域中的地位必将日益提高。随着射频识别的普及，不同厂家的标签和读写设备之间的兼容性也将成为值得关注的问题。此外，使用寿命、使用环境和可靠性也是重要参数。

5.1.4　射频识别技术的特点

1. 优点

射频识别技术与传统识别技术相比,具有以下优势。

(1) 体积小型化,形状多样化。RFID 在读取信息上并不受尺寸大小和形状的限制,因此无须为了读取精确度而配合纸张的固定尺寸和印刷品质。此外,RFID 标签可往小型化与多形态方向发展,以便应用于不同产品。

(2) 抗污染能力强,对环境变化有较高的忍受能力。RFID 对水、油和化学药品等物质具有很强的抵抗性,RFID 卷标是将数据存在芯片中,因此可以免受污损。

(3) 可读、可写、可重复使用。RFID 卡有个 ID 号是全球唯一并且不可改写的,也就是说既有全球唯一的 ID 号(做防伪是很有用的),还有数据区用户可以重复地新增、修改、删除 RFID 卷标内储存的数据,方便信息的更新。现在已经有人将汉字直接写入 RFID 标签里。

(4) 穿透性和无屏障阅读。即便射频标签被他物遮盖或者不可见,射频标签只要靠近或经过一个阅读器就可以读取,无论是在手提箱、纸箱、盒子里等,射频标签都可以被读取。

(5) 数据的记忆容量大。RFID 最大容量可达兆字节,随着记忆载体的发展,数据容量还有不断扩大的趋势。未来物品所需携带的资料量会越来越大,RFID 可以存储更多的商品状态数据,记录更丰富的商品生产、物流、销售状态信息,实现智能商业。

(6) 安全性高。由于 RFID 承载的是电子式信息,其数据内容可经由密码保护,使其内容不易被伪造及变更。

(7) 通信距离远。靠短波和长波运作的标签需要非常接近阅读器的天线(短于一个波长的距离),而在 UHF 和更高的频率上,射频标签不止有阅读器的一个无线电波长的通信距离。

(8) 可同时读取多个标签。阅读器可以一次读取上百个射频标签,而传统识别技术只能一次一读。可惜当前的技术无法保证稳定性,即每次读多个的时候在一定数量级别后就不能达到 100%。

2. 缺点

反过来,射频识别技术也具有一些不足之处。

(1) 金属及液体环境对射频识别的影响。RFID 特高频(UHF)标签因电磁反向散射特点,对金属和液体等环境比较敏感。早期直接导致这种工作频率的被动标签难以在具有金属表面的物体或液体环境下进行工作,但此类问题随着技术的发展已得到完全解决。

(2) 使用的风险。由于 RFID 标签无须直接与收发器接触,持有 Reader 装置的人可以读取 RFID 设备,使用者会在不知情的情况下被他人读取标签内存储的信息,构成安全隐患。有部分低频 RFID 已经被破解,破解后容易复制,安全性也有问题。

(3) 建设成本较高。RFID 初期建设成本较高,不过通过该技术的大量普及,生产成本可大幅降低。

5.2 条码技术

5.2.1 条码技术概述

条码(barcode)是由反射率相差很大的黑条(简称条)和白条(简称空)排成的平行线图案,其对应字符由一组阿拉伯数字组成,供人们直接识读或通过键盘向计算机输入数据使用,这一组条空和相应的字符所表示的信息是相同的。目前世界上常用的码制有 EAN 条码、UPC 条码、二五条码、交叉二五条码、库德巴条码、三九条码和 128 条码等,而商品上常用的就是 EAN 条码。条码可以标出物品的生产国、制造厂家、商品名称、生产日期、图书分类号、邮件起止地点、类别、日期等信息,因而在商品流通、图书管理、邮政管理、银行系统等许多领域都得到了广泛的应用。

条码技术具有简单、信息采集速度快、采集信息量大、可靠性强、灵活实用、自由度大、设备结构简单、成本低等特点。

5.2.2 射频技术与条码技术

RFID 技术与条码技术目的都是快速准确地确认追踪目标物体,两者很相似。从技术上来说,它们是两种不同的技术,有不同的适用范围。两者最大的区别在于条码是"可视技术",扫描仪在人的指导下工作,只能接收它视野范围内的条码;RFID 技术是通过射频信号识别目标对象并获取相关数据,射频标签只要在阅读器的作用范围内就可以被读取,识别工作无须人工干预。条码本身还具有其他缺点,标签容易污损或者撕毁,可能无法被条码阅读器扫描出来;加密的条码或者二维条码无法用肉眼识别出来,只能使用条码阅读器才行;商品条码的使用必须到国家物品编码中心去申请;打印条码还得用标签打印机和条码碳带、不干胶标签;更重要的是,目前全世界每年生产超过 5 亿种商品,而全球通用的商品条码由 12 位排列出来的条码号码已经快要用光了。作为条码的无线版本,RFID 技术具有条码所不具备的防水、防磁、耐高温、使用寿命长、读取距离大、标签上数据可以加密、存储数据容量更大、存储信息更改自如等优点。

由于条码成本较低,有完善的标准体系,已在全球散播,所以已经被普遍接受,从总体来看,射频技术只被局限在有限的市场份额之内。目前,多种条码控制模板已经在使用之中,射频标签成本要比条码贵得多,条码的成本就是条码纸张和油墨成本,不过射频标签却具有条码不具备的防伪功能。

5.3 射频识别技术应用实例

当前射频识别技术在零售、制造业、服装业、医疗、身份识别、防伪、资产管理、交通、食品、动物识别、图书馆、汽车、航空、军事等领域都被广泛应用。

RFID 技术广泛的应用领域是库存和物流管理,改进库存管理情况、适时出货、有效跟踪库存等，极大提高效率的同时还能避免人为错误，不易伪造，具有高度安全性。射频识别可以实现从商品设计、原材料采购、半成品与制成品之生产、运输、仓储、配送、销售，甚至退货处理与售后服务等所有供应链环节之即时监控，准确掌握产品相关信息，诸如各类生产商、生产时间、地点、颜色、尺寸、数量、到达地、接收者等。

在交通应用方面也有不少较为成功的案例，如高速不停车收费、出租车管理、公交车枢纽管理、铁路机车识别等。基于 RFID 技术的远距离感应停车场管理系统是目前世界上最先进的停车场自动化管理方式之一，是停车场管理方式发展的趋势。该系统能够实现进出完全不停车，自动识别、自动登记、自动放行等功能，后台管理软件可实现实施查看进出车辆信息、进出时间查询、报表、缴费记录查询、信息提醒等多项功能。

中国香港国际机场及荷兰阿姆斯特丹国际机场等都部署了使用被动式无电源标签的射频识别行李分类解决方案。和使用条码的行李分类解决方案相比，使用被动式无电源标签的射频识别行李分类解决方案可从不同角度识别行李标签的 ID，识别速度更快，结果更准确，标签上的信息储存量也比条码多。

图书馆已经使用射频识别来代替馆藏上的条码，标签能够包含识别信息或只作为一个数据库的主键。一个射频识别系统能够代替或辅助条码，并能提供另一种目录管理和读者自助式借阅的方法。它同样可以当作一种安全设备来代替传统的电磁安全条码。据估计，如今全球拥有超过 3000 万本图书的馆藏已使用射频识别标签。既然射频识别标签能够透过一个物体被读取，那就没有必要打开一本书的封面或 DVD 壳来扫描它。无论是在传输带上运输的书本还是一叠厚厚的书本都能被读取，减少了工作人员作业的时间，并且能由借阅者自行完成，也减少了需要图书馆工作人员帮助的时间。借由便携式阅读器，在一整排书架上的材料目录在几秒内就能被扫描完成。然而这项技术对许多小型图书馆来说还太昂贵，对于一个中型图书馆来说更换周期大约需要一年。在图书馆使用射频识别过程中保护隐私问题也被提了出来。由于一些射频识别标签能够在高达 100m 的地方被读取，光顾者的信息可能会以一种不合法的方式被读取。其实图书馆的射频识别标签所发出的频率只能在大约 3m 范围内才能被读取。一种简单的解决方法是让书本发射只与图书馆数据库有相关含义的密码。另一种强化方法是在每本书被归还后重新赋予密码。将来，读者可能会变得无处不在，那时被盗的书籍即使在图书馆外也能被追踪。如果标签小到在一个随机页中几乎不可见，那么移除标签也会变得困难，标签也很可能是由出版方植入的。

RFID 技术由于天生的快速读取与难伪造性，已被广泛应用于个人的身份证件识别。如现在世界各国开展的电子护照项目，我国的第二代身份证、学生证等各种电子证件。上海世博会采用了先进的 RFID 门票，门票里面集成了 RFID-SIM 芯片，通过手机终端的用户界面、无线通信技术以及非接触通信技术来实现手机票的购买、选票等功能。内嵌的电子标签在相关仪器上可读出唯一的一组序列号，保证每张门票都是独一无二的。许多地区、仓库、办公室、大学都在大门及房门设有读卡器，用以控制何人、何时、何地出入。在整个电子商务领域，许多人把射频识别技术视为继互联网和移动通信两大技术浪潮后的又一次大潮。

5.4 实践项目6：RFID应用

5.4.1 实践项目目的

通过本实践项目，了解射频识别技术的基本工作原理，掌握在Arduino项目中使用RFID读卡模块读取和写入标签信息的基本方法，熟悉RFID读卡模块仅读取指定标签内容的应用领域及设置方法。

5.4.2 实践项目要求

(1) 使用ESP 8266电路板、RC522 RFID读卡器(如图5-1所示)、RC522 RFID标签(如图5-2所示)和导线搭建实践项目电路并编写相应Arduino程序代码，通过标签靠近读卡器读取标签信息，在串口监视器中观察读取的内容。

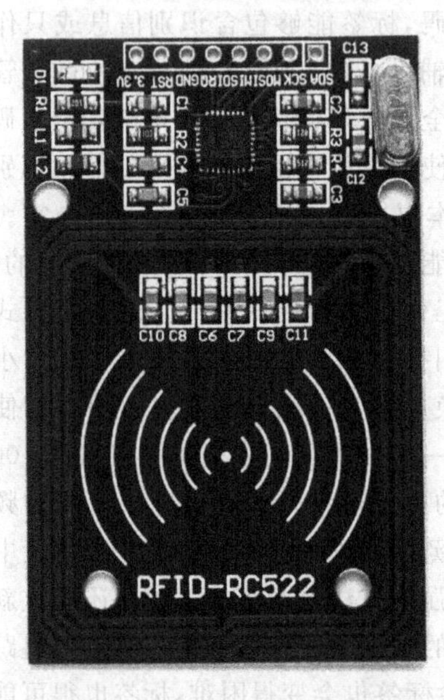

图5-1 RC522 RFID读卡器

图5-2 RC522 RFID标签

(2) 修改程序代码，实现RC522 RFID读卡器仅能读取指定RFID标签信息的功能。

(3) 修改程序代码，实现RC522 RFID读卡器向RFID标签中写入新信息并在串口监视器中显示的功能。

5.4.3 实践项目过程

1. 搭建实践项目电路

使用导线分别连接面包板的电源总线正极和负极到电路板的3V3与GND接口。将RFID读卡器放置在面包板上，注意所有引脚必须在不同的行上，其中标注了3.3V和

GND 的引脚分别使用导线连接到面包板电源总线正极和负极上。标注了 SDA 的引脚使用导线连接到电路板 D2(GPIO4)接口,标注了 SCK 的引脚连接到 D5(GPIO14)接口,标注了 MOSI 的引脚连接到 D7(GPIO13)接口,标注了 MISO 的引脚连接到 D6(GPIO12)接口,标注了 RST 的引脚连接到 D1(GPIO5)接口,不要连接任何线到标注了 IRQ 的引脚上。电路连接如图 5-3 所示。

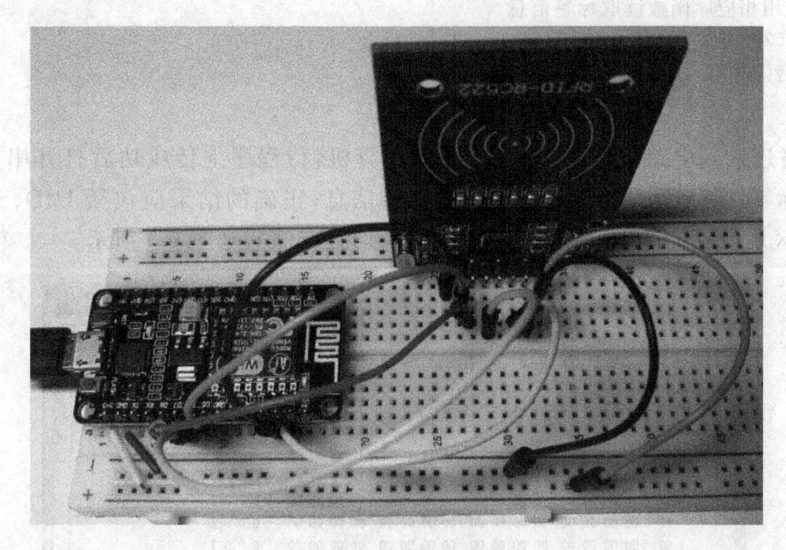

图 5-3　电路连接图

2. 编写代码,实现读取 RFID 标签信息的功能

(1) 在新建的 Arduino 程序窗口中输入以下代码。

```
//引入对应的库文件,需下载更新相应库文件
#include <SPI.h>
#include <MFRC522.h>
//定义引脚连接的 GPIO 接口号
#define RST_PIN 5
#define SS_PIN 4
//创建 MFRC522 实例
MFRC522 mfrc522(SS_PIN, RST_PIN);
void setup() {
  //初始化各实例,并在串口监视器上显示初始内容
  ESP.wdtDisable();
  Serial.begin(115200);
  SPI.begin();
  mfrc522.PCD_Init();
  Serial.println("");
  Serial.println(F("Scan PICC to see UID, SAK, type, and data blocks"));
}
void loop() {
  //寻找新的标签
```

```
    if ( ! mfrc522.PICC_IsNewCardPresent()) {
      return;
    }
    if ( ! mfrc522.PICC_ReadCardSerial()) {
      return;
    }
    //调用相应库函数读取标签信息
    mfrc522.PICC_DumpToSerial(&(mfrc522.uid));
    delay(5000);
}
```

(2) 将连接到电路板的 USB 线缆插入计算机，待程序上传成功后打开串口监视器。将 RFID 标签靠近读卡器，观察读取到的标签信息，正确的结果应包括 UID、SAK、PICC type 及各区块所存储的内容(以十六进制数的形式存储)，如图 5-4 所示。

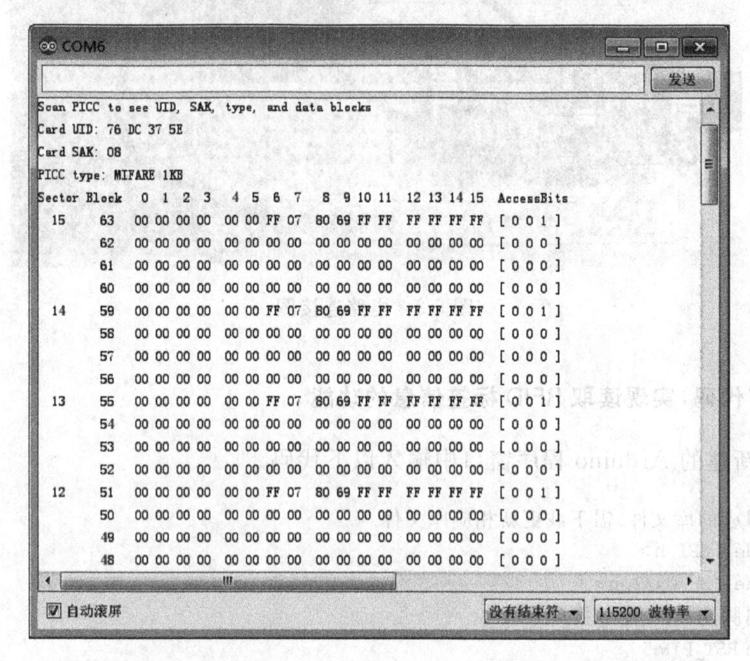

图 5-4 串口监视器输出结果

读取 RFID 标签信息. mp4(41.4MB)

3. 编写代码，实现读取指定 RFID 标签信息的功能

(1) 在新建的 Arduino 程序窗口中输入以下代码。

```
#include <SPI.h>
```

```
#include <MFRC522.h>
#define RST_PIN 5
#define SS_PIN 4
MFRC522 mfrc522(SS_PIN, RST_PIN);
String read_rfid;                        //定义变量,用于存储要输出显示的字符串
//此处填写要读取的 RFID 标签的 UID 号(该信息可以从上一个实践项目结果中获取)
//注意去除中间的空格,所有的字母必须小写
String ok_rfid = "********";
void setup() {
  ESP.wdtDisable();
  Serial.begin(115200);
  SPI.begin();
  mfrc522.PCD_Init();
  Serial.println("");
  Serial.println(F("Scan PICC to see UID, SAK, type, and data blocks"));
}
void dump_byte_array(byte *buffer, byte bufferSize) {
  read_rfid = "";
  for (byte i = 0; i < bufferSize; i++) {
     read_rfid = read_rfid + String(buffer[i], HEX);
  }
}
void loop() {
  if ( ! mfrc522.PICC_IsNewCardPresent()) {
    return;
  }
  if ( ! mfrc522.PICC_ReadCardSerial()) {
    return;
  }
  dump_byte_array(mfrc522.uid.uidByte, mfrc522.uid.size);
  Serial.println(read_rfid);
  //判断读取到的标签 UID 号是不是指定标签的 UID,若不是,则输出提示内容
  if (!(read_rfid == ok_rfid)) {
    Serial.println("Incorrect Tag");
    return;
  }
  //若读取的是指定的标签,则读取并显示标签内容
  mfrc522.PICC_DumpToSerial(&(mfrc522.uid));
  delay(5000);
}
```

(2) 将连接到电路板的USB线缆插入计算机,待程序上传成功后打开串口监视器。将RFID标签靠近读卡器,若欲读取标签的UID不是程序中设置的UID,则无法读取该标签信息,串口监视器中会出现如图5-5所示界面。

若欲读取标签的UID与程序中设置的UID一致,则可以成功读取该标签信息,串口监视器中会出现如图5-6所示界面。

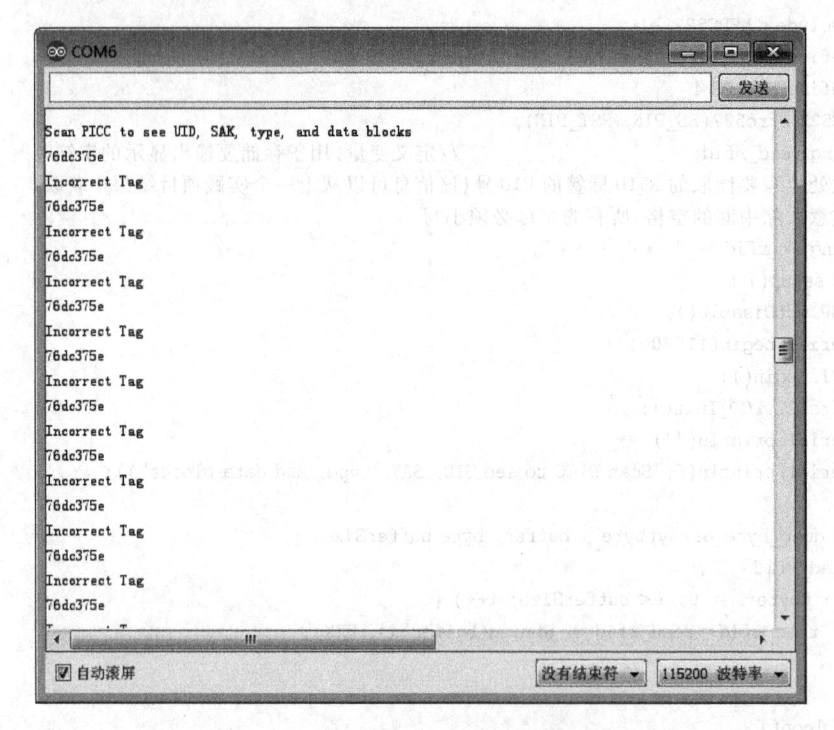

图 5-5　读取失败时串口监视器输出的结果

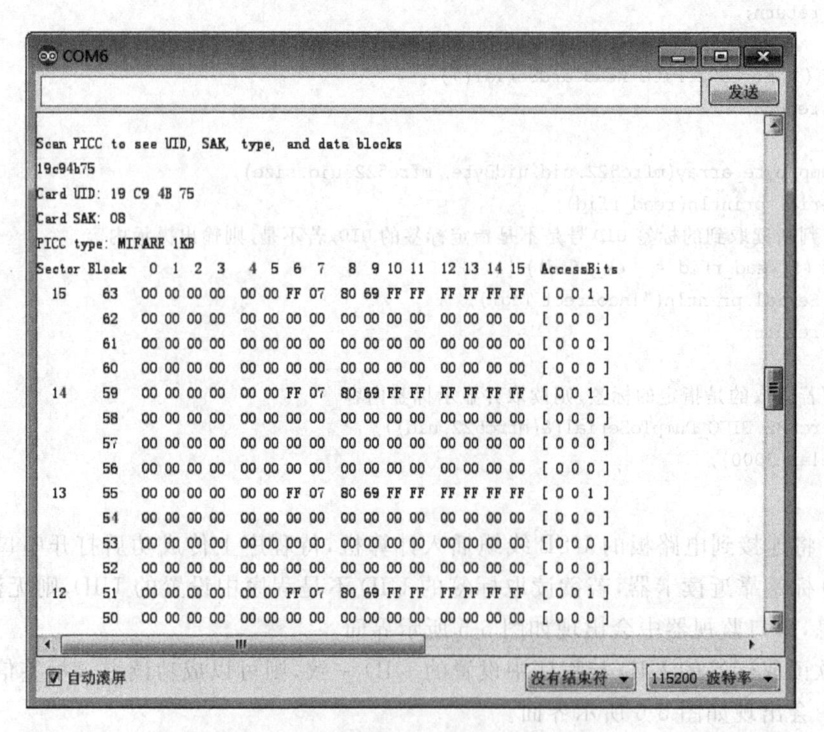

图 5-6　读取成功时串口监视器输出的结果

读取指定 RFID 标签信息.mp4(43.1MB)

4. 编写代码,实现向 RFID 标签中写入信息的功能

(1) 在新建的 Arduino 程序窗口中输入以下代码。

```
#include <SPI.h>
#include <MFRC522.h>
#define RST_PIN 5
#define SS_PIN 4
MFRC522 mfrc522(SS_PIN, RST_PIN);
MFRC522::MIFARE_Key key;                    //定义密钥
void setup() {
    MFRC522::StatusCode status;
    Serial.begin(115200);
    SPI.begin();
    mfrc522.PCD_Init();
    //使用 0xFF 作为基本密钥
    for (byte i = 0; i < 6; i++) {
        key.keyByte[i] = 0xFF;
    }
    Serial.println();
    Serial.println(F("Scan a tag to write to it."));
}
void loop() {
    if ( ! mfrc522.PICC_IsNewCardPresent())
        return;
    if ( ! mfrc522.PICC_ReadCardSerial())
        return;
    //显示标签的基本信息
    Serial.print(F("Card UID:"));
    dump_byte_array(mfrc522.uid.uidByte, mfrc522.uid.size);
    Serial.println();
    Serial.print(F("PICC type: "));
    MFRC522::PICC_Type piccType = mfrc522.PICC_GetType(mfrc522.uid.sak);
    Serial.println(mfrc522.PICC_GetTypeName(piccType));
    //判断卡的类型,该程序仅支持 MIFARE Classic cards
    if (piccType != MFRC522::PICC_TYPE_MIFARE_MINI
        && piccType != MFRC522::PICC_TYPE_MIFARE_1K
        && piccType != MFRC522::PICC_TYPE_MIFARE_4K) {
        Serial.println(F("This sample only works with MIFARE Classic cards."));
        return;
}
    //定义要写入数据的位置和内容
    byte sector = 1;                    //写入位置为 sector 1
```

```
    byte blockAddr = 5; //写入位置是 sector 1 的 block 5
    //要写入的信息如下,共 16 字节
    byte dataBlock[] = {
        0x00, 0x01, 0x02, 0x03, 0x04, 0x05, 0x06, 0x07,
        0x08, 0x09, 0x0a, 0x0b, 0x0c, 0x0d, 0x0e, 0x0f
    };
    byte trailerBlock = 7;
    MFRC522::StatusCode status;
    byte buffer[18];
    byte size = sizeof(buffer);
    //授权使用密钥 A
    Serial.println(F("Authenticating using key A..."));
status = (MFRC522::StatusCode)mfrc522.PCD_Authenticate(MFRC522::PICC_CMD_MF_AUTH_KEY_A,
trailerBlock, &key, &(mfrc522.uid));
    if (status != MFRC522::STATUS_OK) {
        Serial.print(F("PCD_Authenticate() failed: "));
        Serial.println(mfrc522.GetStatusCodeName(status));
        return;
    }
    //显示 sector 1 当前的数据,即写入前的数据
    Serial.println(F("Current data in sector:"));
    mfrc522.PICC_DumpMifareClassicSectorToSerial(&(mfrc522.uid), &key, sector);
    Serial.println();
    Serial.print(F("Reading data from block ")); Serial.print(blockAddr);
    Serial.println(F(" ..."));
    status = (MFRC522::StatusCode) mfrc522.MIFARE_Read(blockAddr, buffer, &size);
    if (status != MFRC522::STATUS_OK) {
        Serial.print(F("MIFARE_Read() failed: "));
        Serial.println(mfrc522.GetStatusCodeName(status));
    }
    Serial.print(F("Data in block ")); Serial.print(blockAddr); Serial.println(F(":"));
    dump_byte_array(buffer, 16); Serial.println();
    Serial.println();
    //授权使用密钥 B
    Serial.println(F("Authenticating again using key B..."));
    status = (MFRC522::StatusCode) mfrc522.PCD_Authenticate(MFRC522::PICC_CMD_MF_AUTH_
KEY_B, trailerBlock, &key, &(mfrc522.uid));
    if (status != MFRC522::STATUS_OK) {
        Serial.print(F("PCD_Authenticate() failed: "));
        Serial.println(mfrc522.GetStatusCodeName(status));
        return;
    }
    //写入信息到相应位置
    Serial.print(F("Writing data into block ")); Serial.print(blockAddr);
    Serial.println(F(" ..."));
    dump_byte_array(dataBlock, 16); Serial.println();
    status = (MFRC522::StatusCode) mfrc522.MIFARE_Write(blockAddr, dataBlock, 16);
    if (status != MFRC522::STATUS_OK) {
        Serial.print(F("MIFARE_Write() failed: "));
```

```
        Serial.println(mfrc522.GetStatusCodeName(status));
    }
    Serial.println();
    //再次读取写入后该位置的数据信息
    Serial.print(F("Reading data from block ")); Serial.print(blockAddr);
    Serial.println(F(" ..."));
    status = (MFRC522::StatusCode) mfrc522.MIFARE_Read(blockAddr, buffer, &size);
    if (status != MFRC522::STATUS_OK) {
        Serial.print(F("MIFARE_Read() failed: "));
        Serial.println(mfrc522.GetStatusCodeName(status));
    }
    Serial.print(F("Data in block ")); Serial.print(blockAddr); Serial.println(F(":"));
    dump_byte_array(buffer, 16); Serial.println();
    //通过逐字节判断写入是否有误
    Serial.println(F("Checking result..."));
    byte count = 0;
    for (byte i = 0; i < 16; i++) {
        // Compare buffer (= what we've read) with dataBlock (= what we've written)
        if (buffer[i] == dataBlock[i])
            count++;
    }
    Serial.print(F("Number of bytes that match = ")); Serial.println(count);
    if (count == 16) {
        Serial.println(F("Success"));
    } else {
        Serial.println(F("Failure, no match"));
        Serial.println(F(" perhaps the write didn't work properly..."));
    }
    Serial.println();
    //读取整个 sector 的信息
    Serial.println(F("Current data in sector:"));
    mfrc522.PICC_DumpMifareClassicSectorToSerial(&(mfrc522.uid), &key, sector);
    Serial.println();
    mfrc522.PICC_HaltA();
    mfrc522.PCD_StopCrypto1();
}
void dump_byte_array(byte * buffer, byte bufferSize) {
    for (byte i = 0; i < bufferSize; i++) {
        Serial.print(buffer[i] < 0x10 ? " 0" : " ");
        Serial.print(buffer[i], HEX);
    }
}
```

(2) 将连接到电路板的 USB 线缆插入计算机，待程序上传成功后打开串口监视器。将 RFID 标签靠近读卡器，在串口监视器中观察是否成功写入数据信息，正确的结果如图 5-7 所示。

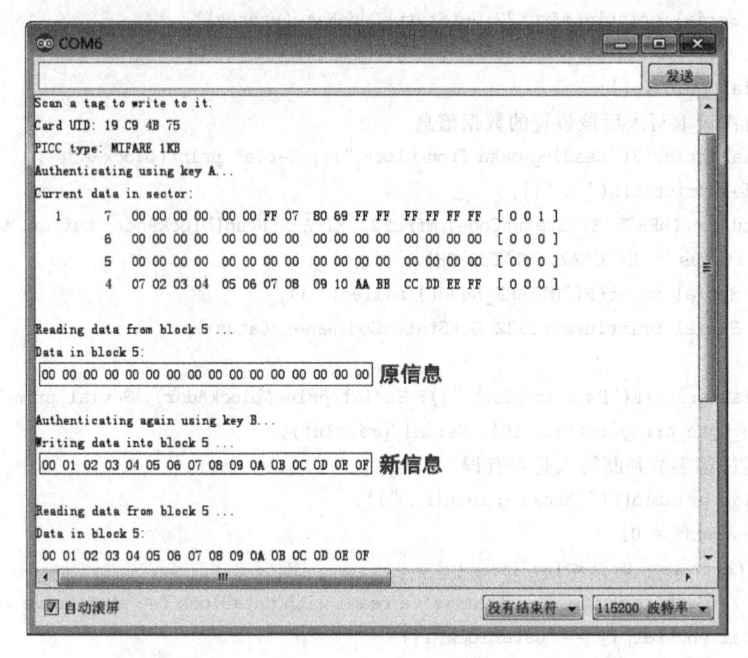

图 5-7　写入信息成功时串口监视器输出的结果

向 RFID 标签中写入信息. mp4(31.1MB)

本章小结

本章介绍了射频识别技术和条码技术的概念、特点，分析了射频识别技术及其性能指标，并对两种技术进行了比较。概述了射频识别技术应用典型案例，并通过 RFID 应用实践项目验证了射频识别技术(RFID)的基本工作原理，介绍了使用 RFID 读卡模块读取和写入标签信息的基本方法。

习题与思考

(1) 射频识别技术和条码技术的异同点有哪些？

(2) 射频标签可以分为哪几类？

(3) 简述射频识别技术在智能交通中的应用实例。

第 6 章 物联网通信技术

6.1 数字通信技术

6.1.1 基本概念

通信的任务是将信息从一地传送到另一地，完成信息传送的一系列设备及传输媒介构成了通信系统，最简单的通信系统是点到点的系统。

6.1.2 通信技术分类

通信技术按其传输信号的方式来划分，可分为模拟通信技术和数字通信技术两大类。模拟通信技术所传输的消息是在时间和幅度上都是连续取值的模拟量，而数字通信技术传输的消息是数字。

6.1.3 数字通信系统

数字通信技术是用数字信号作为载体来传输消息，或用数字信号对载波进行数字调制后再传输。它可传输电报、数字数据等数字信号，也可传输经过数字化处理的语音和图像等模拟信号。传输数字信号的通信系统称为数字通信系统，其通信过程如图 6-1 所示。

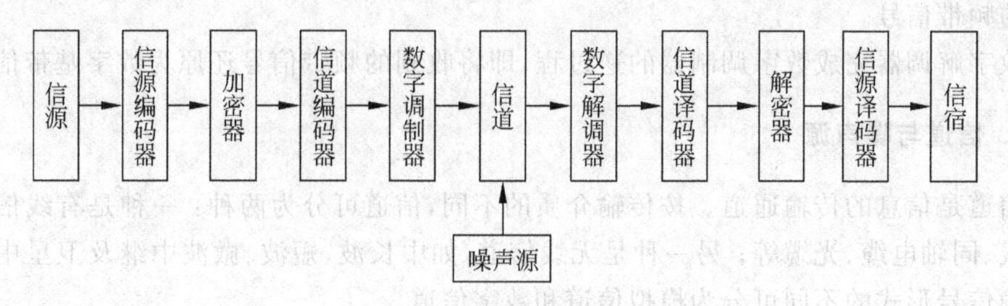

图 6-1 数字通信过程

数字通信系统通常由用户设备、编码和译码、调制和解调、加密和解密、传输和交换设备等组成。发信端来自信源的模拟信号必须先经过信源编码转变成数字信号，并对这些信号进行加密处理，以提高其保密性。为了提高抗干扰能力需再经过信道编码，对数字信号进行调制，变成适合于信道传输的已调载波数字信号并送入信道。在收信端，对接收到的已调载波数字信号经解调得到基带数字信号，然后经信道译码、解密处理和信源译码等恢复为原来的模拟信号，送到信宿。

1. 信源

信源是指信息源，信息的发送者，其作用是把各种消息转换成原始电信号，如电话机的送话器、电视摄像机、计算机等都可以看成是信源。

2. 信源编码器与信源译码器

信源编码器是将信源送出的信号进行适当处理，产生周期性符号序列，使其变成合适的数字编码信号。信源编码器的作用包含模拟信号的数字化和信源压缩编码两个范畴。

信源译码器完成信源编码器的逆过程，即解压缩和数/模转换。

3. 加密器与解密器

加密器主要用于需要保密的通信系统。加密处理的过程是采用复杂的密码序列，对信源编码输出的数码序列进行人为“扰乱”。

解密器实现的是加密器的逆过程，即从加密的信息中恢复出原始信息。

4. 信道编码器与信道译码器

信道编码是为了提高数字传输的可靠性，对传输中产生的差错采用的差错控制技术，也称为差错控制编码，即在信号中按一定的编码规则加入冗余码元，以达到在接收端可以检出和纠正误码的目的。

信道译码器完成信道编码器的逆过程，即从编码的信息中恢复出原始信息。

5. 数字调制器与数字解调器

与模拟通信系统的调制器作用一样，数字调制器将数字基带信号变换成适合于信道传输的频带信号。

数字解调器完成数字调制器的逆过程，即将收到的频带信号还原为数字基带信号。

6. 信道与噪声源

信道是信息的传输通道。按传输介质的不同，信道可分为两种：一种是有线信道，如双绞线、同轴电缆、光缆等；另一种是无线信道，如中长波、短波、微波中继及卫星中继等。按传输信号形式的不同可分为模拟信道和数字信道。

噪声源不是人为加入的设备，而是通信系统中各种设备以及信道中所固有的，噪声源是信道中的所有噪声以及分散在通信系统中其他各处噪声的集合。噪声是独立于有用信号以外客观存在的，始终干扰有用信号。噪声的来源是多样的，可分为内部噪声和外部噪声。

7. 信宿

信宿与信源相对应，是信息的接收者，其作用是将由接收设备复原的原始信号转换成相应的消息，如电话机中的受话器，其作用就是将对方传送过来的电信号还原成声音。

6.1.4　数字通信系统的优缺点

相对于模拟通信系统而言，数字通信系统有以下优点。

(1) 抗干扰能力强。电信号在信道上传送的过程中，不可避免地要受到各种各样的电气干扰。在模拟通信中，这种干扰是很难消除的，使得通信质量变坏。数字通信在接收端是根据收到的 1 和 0 这两个数码来判别的，只要干扰信号不是大到使“有电脉冲”和“无电脉冲”都分不出来的程度，就不会影响通信质量。

(2) 通信距离远，通信质量受距离的影响小。模拟信号在传送过程中能量会逐渐发生衰减使信号变弱，为了延长通信距离，就要在线路上设立一些增益放大器。但增益放大器会把有用的信号和无用的杂音一起放大，杂音经过一道道放大以后，就会越来越大，甚至会淹没正常的信号，限制了通信距离。数字通信可采取“整形再生”的办法，把受到干扰的电脉冲再生成原来没有受到干扰的那样，使失真和噪声不易积累，使通信距离延长。

(3) 保密性好。模拟通信传送的电信号，加密比较困难。而数字通信传送的是离散的电信号，很难听清。为了密上加密，还可以方便地进行加密处理，采用的方法是使用随机性强的密码打乱数字信号的组合，敌人即使窃收到加密后的数字信息，在短时间内也难以破译。

(4) 通信设备的制造和维护简便。数字通信的电路主要由电子开关组成，很容易采用各种集成电路，体积小，耗电少。

(5) 能适应各种通信业务的要求。各种信息(电话、电报、图像、数据以及其他通信业务)都可变为统一的数字信号进行传输，而且可与数字交换结合，实现统一的综合业务数字网。

数字通信系统的缺点是数字信号占用的频带比模拟通信系统要宽，并且对同步要求高，系统设备比较复杂。一路模拟电话占用的频带宽度通常只有 4kHz，而一路高质量的数字电话所需的频带远大于 4kHz。但随着光纤等传输媒质的采用，数字信号占用较宽频带的问题将日益淡化，数字通信将向超高速、大容量、长距离方向发展，新的数字化智能终端将产生。

6.2　移动通信技术

6.2.1　基本概念

移动通信是移动体之间的通信，或移动体与固定体之间的通信。移动体可以是人，也可以是汽车、火车、轮船、收音机等在移动状态中的物体。根据信道传输信号的不同分为模拟移动通信和数字移动通信，这里以数字移动通信为例说明移动通信过程，如图 6-2 所示。

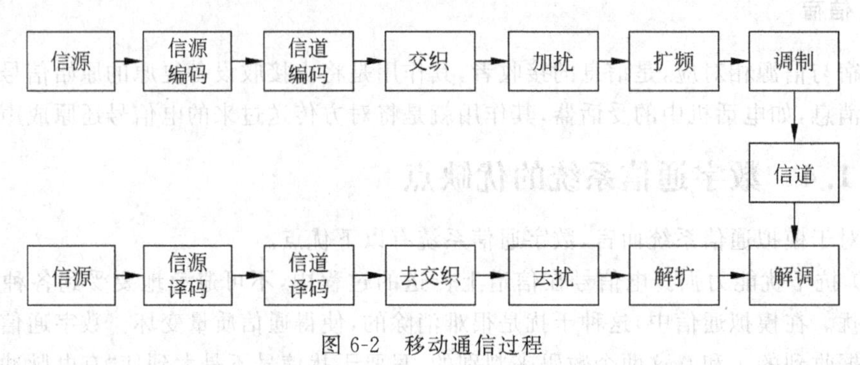

图 6-2 移动通信过程

1. 交织与去交织

在移动通信的无线信道上，比特差错经常是成串发生的。信道编码仅在检测和校正单个差错与不太长的差错串时才有效。

交织技术就是把一条消息中的相继比特分散开的方法，即一条消息中的相继比特以非相继方式被发送。这样在传输过程中即使发生了成串差错，恢复成一条相继比特串的消息时，差错也就变成单个(或长度很短)，这时再用信道编码纠错功能纠正差错，恢复原消息。

去交织就是相反的过程，将分开的信息还原成连续的信息流。

2. 加扰与去扰

加扰就是用一个伪随机码序列有规律地处理原有信息码。为了避免信号流中出现长的连 0 和连 1，通常采用加扰技术，用伪随机码序列对原有码进行相乘，同时实现对信号进行加密。

去扰的过程和作用与加扰相反。

3. 扩频与解扩

扩频即扩展频谱，使传输信息所用信号的带宽远大于信息本身的带宽。增加信号带宽可以降低对信噪比的要求，当带宽增加到一定程度后，允许信噪比进一步降低，有用信号功率接近噪声功率甚至淹没在噪声之下也是可能的。

解扩与扩频的过程和作用相反。

6.2.2 移动通信技术的发展

现代移动通信技术的发展始于 20 世纪 20 年代，而公用移动通信是从 20 世纪 60 年代开始的。公用移动通信技术的发展已经经历了第一代(1G)、第二代(2G)、第三代(3G)和第四代(4G)，并继续向第五代(5G)的方向发展。

1. 第一代移动通信(1G)

1982年,为了解决大区制容量饱和的问题,美国贝尔实验室发明了高级移动电话系统AMPS。AMPS提出了"小区制""蜂窝单元"的概念,同时采用频率复用(Frequency Division Multiplexing,FDM)技术,解决了公用移动通信系统所需要的大容量要求和频谱资源限制的矛盾。在100km范围之内,IMTS(Improved Mobile Telephone System,改进型移动电话系统)每个频率上只允许一个电话呼叫;AMPS允许100个10km的蜂窝单元,从而可以保证每个频率上有10~15个电话呼叫。

第一代移动通信主要采用的是模拟技术和频分多址(FDMA)技术,以美国的AMPS和英国的TACS(Total Access Communication System)为代表。第一代移动通信的应用是模拟语音通信,其特点是业务量小、质量差、安全性差,没有加密和速度低,主要基于蜂窝结构组网,传输速率约为2.4Kb/s,不同国家采用不同的工作系统。

1G虽然采用频分多址,但并未提高信道利用率,因此通信容量有限,通话质量一般,保密性差,制式太多,标准不统一,互不兼容,不能提供非话数据业务,不能提供自动漫游,因此已逐步被各国淘汰。

2. 第二代移动通信(2G)

第二代移动通信主要采用的是数字时分多址(TDMA)技术和码分多址(CDMA)技术。第二代移动通信的主要应用是数字语音通信。

第二代移动通信技术使用数字制式,支持传统语音通信、文字和多媒体短信,并支持一些无线应用协议,主要有以下两种工作模式。

(1) GSM移动通信(900/1800MHz):GSM移动通信工作在900/1800MHz频段,无线接口采用TDMA技术,核心网移动性管理协议采用MAP。

(2) CDMA移动通信(800MHz):CDMA移动通信工作在800MHz频段,核心网移动性管理协议采用IS-41,无线接口采用窄带码分多址(CDMA)技术。

2G采用蜂窝数字移动通信,使系统具有数字传输的种种优点,它克服了1G的弱点,语音质量和保密性能得到了很大提高,可以进行省内、省际自动漫游。尽管2G技术在发展中不断得到完善,但随着用户规模和网络规模的不断扩大,频率资源已接近枯竭,语音质量不能达到用户满意的标准,数据通信速率太低,系统带宽有限,限制了数据业务的发展,无法在真正意义上满足移动多媒体业务的需求。

3. 第三代移动通信(3G)

第三代移动通信技术是指支持高速数据传输的蜂窝移动通信技术,以宽带CDMA技术为主,能同时提供话音和数据业务的移动通信系统,所以第三代移动通信的应用主要是数字语音与数据通信,其基本的特征是智能信号处理技术。智能信号处理单元将成为基本功能模块,支持语音和多媒体数据通信,它可以提供前两代产品不能提供的各种宽带信息业务，例如，高速数据、慢速图像与电视图像等。

第三代移动通信网络能将高速移动接入和基于互联网协议的服务结合起来，提高无线频谱利用效率，提供包括卫星在内的全球覆盖并实现有线和无线以及不同无线网络之间业务的无缝链接，3G服务能够同时传送声音及数据信息，速率一般在几百Kb/s以上。

第三代移动通信(3G)可以提供所有2G的信息业务，同时保证更快的速度，以及更全面的业务内容，如移动办公、视频流服务等。第三代移动通信系统的通信标准有WCDMA、CDMA2000和TD-SCDMA三大分支，共同组成一个IMT 2000家庭，但成员间存在相互兼容的问题，因此已有的移动通信系统不是真正意义上的个人通信和全球通信，而且3G的频谱利用率还比较低，不能充分地利用宝贵的频谱资源。另外，3G支持的速率还不够高，这些不足点远远不能适应未来移动通信发展的需要，因此寻求一种既能解决现有问题，又能适应未来移动通信的需求的新技术，即新一代移动通信是必要的。

4. 第四代移动通信(4G)

4G是第四代移动通信(4rd-generation，4G)及其技术的简称，它是集3G与WLAN于一体，能够传输高质量视频图像，图像传输质量与高清晰度电视不相上下的技术产品。第四代移动通信技术的概念可称为宽带接入和分布网络，具有非对称的超过2Mb/s的数据传输能力。4G包括宽带无线固定接入、宽带无线局域网、移动宽带系统和交互式广播网络。

4G系统能够以100Mb/s的速度下载，比拨号上网快2000倍，上传的速度也能达到20Mb/s，能够满足几乎所有用户对无线服务的要求。在用户最为关注的价格方面，4G与固定宽带网络在价格方面不相上下，而且计费方式更加灵活机动，用户完全可以根据自身的需求确定所需的服务。此外，4G可以在DSL和有线电视调制解调器没有覆盖的地方部署，然后再扩展到整个地区。

第四代移动通信系统的关键技术包括信道传输，抗干扰性强的高速接入技术、调制和信息传输技术，高性能、小型化和低成本的自适应阵列智能天线，大容量、低成本的无线接口和光接口，系统管理资源，软件无线电、网络结构协议等。第四代移动通信系统主要是以正交频分复用(OFDM)为技术核心，OFDM技术的特点是网络结构高度可扩展，具有良好的抗噪声性能和抗多信道干扰能力，可以提供比无线数据技术质量更高(速率高、时延小)的服务和更好的性价比，能为4G无线网提供更好的方案。

4G移动通信对加速增长的广带无线连接的要求提供技术上的回应，对跨越公众的和专用的室内与室外的多种无线系统及网络保证提供无缝的服务。通过对最适合的可用网络提供用户所需求的最佳服务，能应付基于互联网通信所期望的增长，增添新的频段，使频谱资源大大扩展。提供不同类型的通信接口，运用路由技术为主的网络架构，以傅里叶变换来发展硬件架构实现第四代网络架构。移动通信会向数据化、高速化、宽带化、频段更高化方向发展，移动数据、移动IP预计会成为未来移动网的主流业务。

1G～4G移动通信技术代际比较，如表6-1所示。

表 6-1 移动通信技术的发展

代际	1G	2G	2.5G	3G	4G
信号	模拟	数字	数字	数字	数字
制式	—	GSM、CDMA	GPRS	WCDMA、CDMA2000 和 TD-SCDMA	TD-LTE
主要功能	语音	数字	窄带	宽带	广带
典型应用	通话	短信/彩信	蓝牙	多媒体	高清

6.2.3 移动通信系统的组成

移动通信系统包括移动交换子系统(SS)、操作维护管理子系统(OMS)、基站子系统(BSS)、移动台(MS)、中继传输系统和数据库,是一个完整的信息传输实体。

1. 移动交换子系统(SS)

移动交换子系统负责本服务区内所有用户的移动业务的实现,具体有为用户提供终端业务、承载业务、补充业务的接续,管理无线资源、移动用户的位置登记、越区切换等。

2. 基站子系统(BSS)

基站子系统负责和本服务区内移动台之间通过无线电波进行通信,与移动业务交换中心(Mobile-services Switching Center,MSC)相连,保证移动台在不同服务区之间移动时也可以进行通信。

3. 移动台(MS)

MS 是一个子系统,它实际上是由移动终端设备和用户数据两部分组成的。移动终端设备称为移动设备。用户数据存放在一个与移动设备可分离的数据模块中,此数据模块称为用户识别卡(SIM)。

4. 中继传输系统

MSC 之间、MSC 和基站(Base Station,BC)之间的传输线均采用有线方式。

5. 数据库

用户的位置是不确定的,因此要对用户进行接续,就必须掌握用户的位置及相关信息。数据库存储用户的信息,如归属位置寄存器(Home Location Register,HLR)、访问位置寄存器(Visitor Location Register,VLR)、鉴权认证中心(Authentic Center,AUC)、设备识别寄存器(Equipment Identity Register,EIR)等。

移动通信中建立一个呼叫是由 BSS 和 SS 共同完成的。BSS 提供并管理 MS 和 SS 之间的无线传输通道,SS 负责呼叫控制功能,所有的呼叫都是经由 SS 建立连接; OMS 负责管理控制整个移动网。

6.2.4 移动通信技术的工作频段和方式

早期的移动通信主要使用 VHF(Very High Frequency,甚高频)频段和 UHF(Ultra High Frequency,特高频)频段。

目前,大容量移动通信系统均使用 800MHz 频段(CDMA)和 900MHz 频段(GSM),并开始使用 1800MHz 频段(GSM1800),该频段用于微蜂窝(Microcell)系统。第三代移动通信使用 2.4GHz 频段。

从传输方式的角度来看,移动通信分为单向传输(广播式)和双向传输(应答式)。单向传输只用于无线电寻呼系统,双向传输有单工、双工和半双工三种工作方式。

(1) 单工通信是指通信双方电台交替地进行收信和发信,根据收发频率的异同,又可分为同频单工和异频单工。

(2) 双工通信是指通信双方电台同时进行收信和发信。

(3) 半双工通信的组成与双工通信相似,移动台采用类似单工的"按讲"方式,即按下按讲开关,发射机才工作,而接收机总是工作的。

6.3 短距离无线通信技术

6.3.1 基本概念

无线通信(Wireless Communication)是利用电磁波信号可以在自由空间(包括空气和真空)中传播的特性进行信息交换的一种通信方式。无线通信可用来传输电报、电话、传真、图像、数据和广播电视等通信业务。与有线通信相比,不需要架设传输线路,不受通信距离限制,机动性能好,建立迅速。

无线通信主要包括微波通信和卫星通信。微波是一种无线电波,它传送的距离一般只有几十千米。微波的频带很宽,通信容量很大,但每隔几十千米要建一个微波中继站。卫星通信是利用通信卫星作为中继站在地面上两个或多个地球站之间或移动体之间建立微波通信联系。无线通信与移动通信的相同之处都是依靠无线电波进行通信,不同之处是无线通信包含移动通信,但侧重于无线,而移动通信更注重于移动性。

最基本的无线通信系统由发射器、接收器和无线信道组成,其通信过程如图 6-3 所示。

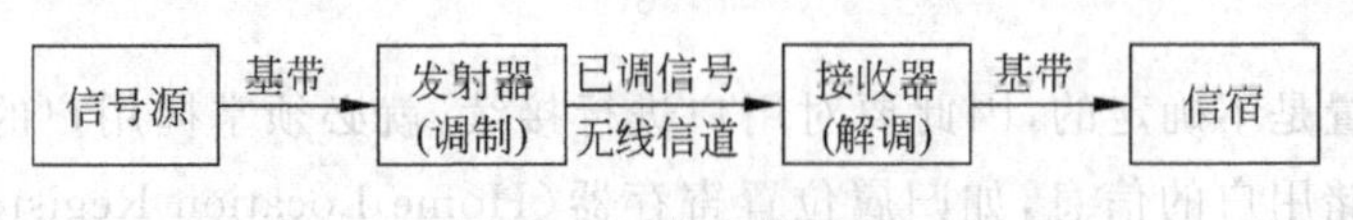

图 6-3 无线通信过程

在发射器中完成信息的调制,即将基带信号搬移到射频上并放大到足够的功率,射频信号通过发射天线变成电磁波在无线信道上传输。在接收端,空间传播的电磁波通过接收天线转变为射频信号进入接收器,接收器对信号进行解调,恢复出原始信息。

6.3.2　蓝牙技术

1. 概述

蓝牙(Bluetooth)是一种短距离无线数据和语音传输的全球性开放式技术规范，工作在 2.4GHz ISM 开放频段，它是一种多装置之间通信的标准，可在世界上的任何地方实现短距离的无线语音和数据通信。它以低成本的近距离无线连接为基础，为固定或移动通信设备之间提供通信链路，使得近距离内各种信息设备能够提供资源共享。

2. 蓝牙设备的组成

蓝牙设备的组成如图 6-4 所示。

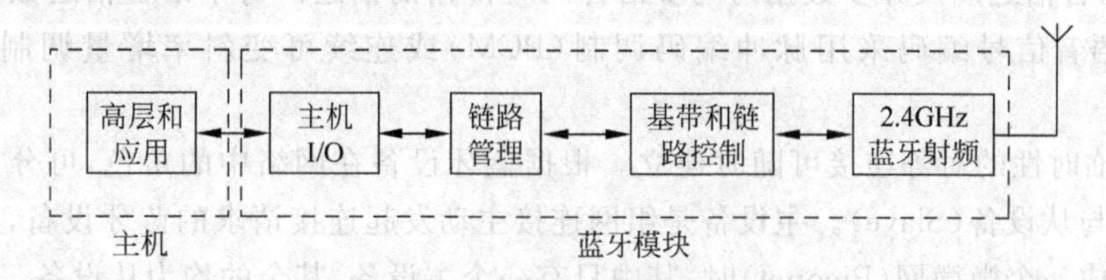

图 6-4　蓝牙设备的组成

(1) 蓝牙射频。蓝牙射频单元是一个蓝牙无线收发器，它是任何蓝牙设备的核心，包含中频振荡器、中频滤波器、调制解调器、压控振荡器、频率合成器以及天线控制开关等电路，完成基带数据分组的跳频扩频与解扩功能。

(2) 基带和链路控制(Link Controller，LC)。基带和链路控制单元完成的蓝牙基带层协议功能主要包括：

① 建立物理连接(包括跳频序列产生和同步、对接收比特流进行符号定时提取的恢复)；

② 数据分组打包/解包；

③ 提供两种不同的物理链路类型、5 种逻辑链路和多种分组类型；

④ 差错控制；

⑤ 鉴权和加密。

(3) 蓝牙链路管理(Link Manager，LM)。蓝牙链路管理单元完成的主要功能包括：

① 设备号请求；

② 链路地址查询；

③ 链路模式协商和建立；

④ 链路连接建立和关闭；

⑤ 鉴权；

⑥ 决定帧的类型；

⑦ 设备功耗模式设置(监听模式、保持模式或者休眠模式)。

(4) 主机控制接口(Host Controller Interface，HCI)。为了使不同厂商生产的蓝牙模块和主机都能够相互通信，蓝牙协议栈定义了一个蓝牙模块和主机之间的标准接口，称为主机控制接口（HCI）。

（5）蓝牙主机。蓝牙的高层协议栈通常设计成一个软件部分，运行在主机设备上，所以有时又称为主机栈（Host Stack）。

3. 蓝牙技术的特点

蓝牙技术的特点可归纳为以下几点。

（1）适用于全球范围。蓝牙在2.4GHz的ISM频段工作，使用该频段无须向各国的无线电资源管理部门申请许可证。

（2）可同时传输语音和数据。蓝牙采用电路交换和分组交换技术，支持异步数据信道、三路语音信道以及异步数据与同步语音同时传输的信道。每个语音信道数据速率为64Kb/s，语音信号编码采用脉冲编码调制（PCM）或连续可变斜率增量调制（CVSD）方法。

（3）临时性的对等连接可随时建立。根据蓝牙设备在网络中的角色，可分为主设备（Master）与从设备（Slave）。主设备是组网连接主动发起连接请求的蓝牙设备，几个蓝牙设备连接成一个微微网（Piconet）时，其中只有一个主设备，其余的均为从设备。

（4）抗干扰能力较强。无线电设备有很多种，如家用微波炉、无线局域网（WLAN）、Home RF等产品都工作在ISM频段。蓝牙采用了跳频（Frequency Hopping）方式来扩展频谱（Spread Spectrum），将2.402G～2.48GHz频段分成79个频点，相邻频点间隔1MHz，能很好地抵抗来自这些设备的干扰。蓝牙设备在某个频点发送数据之后，再跳到另一个频点发送，频点的排列顺序则是伪随机的，每秒钟频率改变1600次，每个频率持续625μs。

（5）体积小。蓝牙模块的程序可以写在一块9mm×9mm的微芯片中。

（6）低功耗。处于通信连接状态下的蓝牙设备，有4种工作模式，分别是激活（Active）模式、呼吸（Sniff）模式、保持（Hold）模式和休眠（Park）模式。激活模式是正常的工作状态，另外三种模式是为了节能所规定的低功耗模式。一般情况下，其正常的工作范围是10m半径之内，在此范围内，可进行多台设备间的互联。

（7）开放的接口标准。全世界范围内的任何单位和个人都可以进行蓝牙产品的开发，只要最终能通过SIG的蓝牙产品兼容性测试，就可以推向市场。

（8）成本低。市场需求不断扩大，各个供应商纷纷推出自己的蓝牙芯片和模块，使蓝牙产品价格迅速下降。

6.3.3 ZigBee技术

1. 概述

ZigBee技术是一种低功耗、低速率、低成本、低复杂度、近距离的双向无线通信技术。ZigBee采用直接序列展频技术（Direct Sequence Spread Spectrum，DSSS）调制发射，网状网络由多个无线传感器组成，其数据传输模块与移动网络基站相似。

2. ZigBee 的应用领域

ZigBee 技术主要应用于工业、家庭自动化、遥测遥控、汽车自动化、农业自动化和医疗护理等领域。比如，在工业控制领域，可以利用 ZigBee 技术自动采集、分析和处理数据；在家庭自动化领域，可以利用 ZigBee 技术远程控制照明、空调、窗帘等家用设备；在遥测遥控领域，可以利用 ZigBee 技术远程遥控电视、DVD、CD 机等电器设备和操作无线键盘、鼠标、游戏操纵杆等 PC 外设；在医疗护理领域，可以利用 ZigBee 技术获取医疗传感器、患者的紧急呼叫等信号，实时监控患者的生理状况。此外，可以利用 ZigBee 技术开发交互式玩具等产品，ZigBee 技术在油田、电力、矿山和物流管理等领域也有广泛应用。另外，它还可以定位局部区域内的移动目标，如对城市中的车辆进行定位等。

3. ZigBee 的技术特点

ZigBee 作为一种无线通信技术，具有以下特点。

(1) 低成本，低功耗。

(2) 高可靠性。ZigBee 采用了碰撞避免机制，为需要固定带宽的通信业务预留了专用时隙，避免发送数据时的竞争和冲突。节点模块之间具有自动动态组网的功能，信息在整个 ZigBee 网络中通过自动路由的方式进行传输。

(3) 时延短。ZigBee 通信时延和从休眠状态激活的时延都非常短。

(4) 网络容量大。ZigBee 网络支持多达 65000 个节点。

(5) 高安全性。ZigBee 提供了数据完整性检查和鉴权功能，加密算法采用通用的 AES-128。

(6) 高保密性。ZigBee 有 64 位出厂编号和支持 AES-128 加密。

6.3.4　UWB 技术

1. 概述

超宽带技术(Ultra Wide Band，UWB)起源于 20 世纪 50 年代末，此前主要作为军事技术在雷达等通信设备中使用。随着无线通信技术的飞速发展，人们对高速无线通信提出了更高的要求，超宽带技术又被重新提出，并备受关注。

UWB 是一种高速、近距离、低功耗的新型无线载波通信技术，它不采用正弦载波，而是利用纳秒级的非正弦波窄脉冲传输数据，因此所占的频谱范围很宽，是信号带宽大于 500MHz 或者信号带宽与中心频率之比大于 25% 的无线通信方案。与常见的使用连续载波通信方式不同，UWB 采用极短的脉冲信号来传送信息。通常每个脉冲持续的时间只有几十皮秒到几纳秒的时间，这些脉冲所占用的带宽甚至高达几 GHz，因此，最大数据传输速率可以达到几百 Mb/s。在高速通信的同时，UWB 设备具有保密性好、消耗电能少、抗干扰性能强、成本低等特点，适合于便携型使用，其发射功率很小，仅仅是现有设备的几百分之一。对普通的非 UWB 接收机来说近似于噪声，所以从理论上讲，UWB 可以与现有无线电设备共享带宽，它有望在无线通信领域得到广泛的应用。

2. UWB的应用前景

UWB同时具有无线通信和定位的功能,可方便地应用于智能交通系统中,为车辆防撞、电子牌照、电子驾照、智能收费、车内智能网络、测速、监视、分布式信息站等提供高性能、低成本的解决方案。UWB也可应用在小范围、高分辨率、能够穿透墙壁、地面和身体的雷达与图像系统中,诸如军事、公安、消防、医疗、救援、测量、勘探和科研等领域,用作隐秘安全通信、救援应急通信、精确测距和定位、透地探测雷达、墙内和穿墙成像、监视和入侵检测、医用成像、储藏罐内容探测等。UWB最具特色的应用将是视频消费娱乐方面的无线个域网(WPAN)。

6.3.5 NFC技术

1. 概述

近场无线通信(Near Field Communication,NFC)是一种短距离的高频无线通信技术,允许电子设备之间进行非接触式点对点数据传输(在10cm内)交换数据。NFC是一种非接触式识别和互联技术,可以在移动设备、消费类电子产品、PC和智能控件工具间进行近距离无线通信。

NFC提供了一种简单、非接触式的解决方案,可以让消费者简单直观地交换信息、访问内容与服务。由于近场通信具有天然的安全性,因此,NFC技术被认为在手机支付等领域具有很大的应用前景。

NFC将非接触读卡器、非接触卡和点对点(Peer-to-Peer)功能整合在一块单芯片中。它是一个开放接口平台,可以对无线网络进行快速、主动设置,也是虚拟连接器,服务于现有蜂窝状网络、蓝牙和无线IEEE 802.11设备。

2. NFC的技术特点

与其他近距离通信技术相比,NFC具有鲜明的特点,主要体现在以下几个方面。

(1) 距离近,带宽高,能耗低。由于NFC采取了独特的信号衰减技术,通信距离不超过20cm,所以能耗低。

(2) 更具安全性。NFC提供安全、快捷通信的无线连接,是一种私密通信方式,加上其距离近、射频范围小的特点,其通信更加安全。

(3) NFC与现有非接触智能卡技术兼容。NFC标准目前已经得到越来越多主要厂商的支持,很多非接触智能卡都能够与NFC技术相兼容。

(4) 传输速率较低。NFC标准规定数据传输速率具备三种传输速率,最高的仅为424Kb/s,传输速率相对较低,不适合诸如音视频流等需要较高带宽的应用。

(5) 优于红外和蓝牙。NFC支持多种应用,包括移动支付与交易、对等式通信及移动中信息访问等,它在门禁、公交、手机支付等领域发挥着巨大的作用。

3. NFC的应用

(1) 设备连接。除了无线局域网外,NFC也可以简化蓝牙连接。例如,手提电脑用户如果想在机场上网，他只需走近一个 WiFi 热点即可实现。

(2) 实时预定。例如，海报或展览信息背后贴有特定芯片，利用含 NFC 协议的手机或 PDA，便能取得详细信息，或者立即联机使用信用卡进行票卷购买，这些芯片无须独立的能源。

(3) 移动商务。典型应用有门禁控制、车票和电影院门票售卖等，使用者只需携带储存有票证或门控代码的设备靠近读取设备即可。它还能够作为简单的数据获取应用、公交车站站点信息、公园地图信息等。目前，部分手机已集成了 NFC 技术，可以用作电子车票，还可在当地零售店和旅游景点作为折扣忠诚卡使用。

6.3.6 WiFi

1. 概述

1990 年，IEEE 802 标准化委员会成立 IEEE 802.11 无线局域网标准工作组，主要研究工作在 2.4GHz 开放频段的无线设备和网络发展的全球标准。1997 年 6 月，提出 IEEE 802.11 标准，别名为 WiFi。我们常说的 WLAN 指的就是符合 802.11 系列协议的无线局域网技术。1999 年又增加了 IEEE 802.11a 和 IEEE 802.11g 标准，其传输速率最高可达 54Mb/s，能够广泛支持数据、图像、语音和多媒体等业务。

WiFi(Wireless Fidelity，无线保真技术)是一种短程无线传输技术，允许电子设备连接到一个无线局域网(WLAN)，通常使用 2.4GHz UHF 或 5GHz SHF ISM 射频频段。

WiFi 是一个无线网络通信技术的品牌，由 WiFi 联盟(WiFi Alliance)所持有，是一种可以将个人计算机、手持设备(如 PDA、手机)等终端以无线方式相互连接的技术，目的是改善基于 IEEE 802.11 标准的无线网络产品之间的互通性。

2. WiFi 的原理和功能

以前通过网线连接计算机，WiFi 则是通过无线电波来联网。常见的就是一个无线路由器，在这台无线路由器的电波覆盖的有效范围内都可以采用 WiFi 连接方式进行联网，如果无线路由器连接了一条 ADSL 线路或者别的上网线路，则又被称为热点。电子设备连接到无线局域网通常是有密码保护的，但也可以是开放的，允许在 WLAN 范围内的任何设备进行连接。

几乎所有智能手机、平板电脑和笔记本电脑都支持 WiFi 上网，它是当今使用最广泛的一种无线网络传输技术。WiFi 信号是由有线网提供的，如，家里的 ADSL、小区的宽带等，只要接一台无线路由器，就可以把有线信号转换成 WiFi 信号，手机如果有 WiFi 功能的话，在有 WiFi 无线信号的时候就可以不通过移动、联通的网络上网，省掉了流量费。

虽然由 WiFi 技术传输的无线通信质量不是很好，数据安全性能比蓝牙差一些，传输质量也有待改进，但传输速率非常快，可以达到 54Mb/s，符合个人和社会信息化的需求。WiFi 主要的优势在于不需要布线，可以不受布线条件的限制，因此非常适合移动办公用户的需要，并且由于发射信号功率低于 100mW，低于手机发射功率，所以 WiFi 上网相对也是安全健康的。

3. WiFi 的组成结构

WiFi 是由 AP(Access Point)和无线网卡组成的无线网络。一般架设无线网络的基本配备就是无线网卡和一个 AP,如此便能以无线的模式,配合既有的有线架构来分享网络资源,架设费用和复杂程度远远低于传统的有线网络。如果只是几台计算机的对等网,也可不要 AP,只需每台计算机配备无线网卡。

(1) AP。Access Point 一般翻译为"无线访问接入点"或"桥接器",它是无线工作站及有线局域网的桥梁。AP 的有效范围是 20～500m,根据技术、配置和使用情况,一个 AP 可以支持 15～250 个用户。有了 AP,就像一般有线网络的集线器一般,无线工作站可以快速且轻易地与网络相连。特别是对于宽带的使用,WiFi 更显优势,有线宽带网络(ADSL、小区 LAN 等)到户后,连接到一个 AP,然后在集线器中安装一块无线网卡即可。普通的家庭有一个 AP 已经足够,甚至用户的邻里得到授权后,则无须增加端口,也能以共享的方式上网。

(2) 无线网卡。任何一台装有无线网卡的 PC 均可通过 AP 分享有线局域网,甚至广域网络的资源,其工作原理相当于一个内置无线发射器的集线器或者路由,无线网卡则是负责接收由 AP 发射信号的 Client 端设备。

① USB 无线网卡:内置微型无线网卡和天线,可以直接插入计算机 USB 端口。

② 台式机无线网卡:使用台式机无线网卡和外置天线,插入计算机主板相应槽口。

③ 支持 WiFi 的笔记本电脑:笔记本电脑内置无线网卡芯片与天线,方便使用。

4. WiFi 的技术特点

(1) 更宽的带宽。WiFi 最高带宽为 54Mb/s,在信号较弱或有干扰时,带宽可自动降低。

(2) 更长的传输距离。在开放性区域,WiFi 通信传输距离可达 305m,在封闭性区域,通信传输距离为 76～122m。

(3) 更低的功耗。IEEE 802.11n 在功耗和管理方面进行了重大创新,不仅能够延长 WiFi 智能手机的电池寿命,还可以嵌入其他设备中。

(4) 更高的安全性。WiFi 使用基于身份的安全,在 WiFi 网络中,安全策略与用户关联,而不是与端口关联。

(5) 更低的成本。WiFi 可以非常方便地与现有的有线以太网整合,组网成本较低。

6.4 实践项目 7:WiFi 功能应用

6.4.1 实践项目目的

通过本实践项目,掌握 ESP 8266 电路板上 WiFi 功能的配置及使用方法,并能通过连接 WiFi 使电路板与局域网内计算机及 Internet 正常通信。

6.4.2 实践项目要求

(1) 使用 ESP 8266 电路板连接室内 WiFi 信号,显示电路板获取的 IP 地址,并能与局域网内的计算机通过 ping 命令正常通信。

(2) 使用 ESP 8266 电路板连接室内 WiFi 信号,显示电路板获取的 IP 地址,并在程序中设置一个 Internet 地址(如 www.baidu.com),使电路板能 ping 通这个地址,实现与 Internet 的通信。

6.4.3 实践项目过程

1. 电路板连接 WiFi 信号

(1) 在新建的 Arduino 程序窗口中输入以下代码。

```
#include <ESP8266WiFi.h>                    //引入头文件,相关文件应事先放入库中
const char * ssid = "...";                  //此处填写 WiFi 的 SSID,注意区分大小写
const char * password = "...";              //此处填写 WiFi 的连接密码
void setup() {
  Serial.begin(115200);
  Serial.println();
  Serial.print("Connecting to ");
  Serial.println(ssid);
  WiFi.begin(ssid, password);               //开始连接 WiFi
  while (WiFi.status() != WL_CONNECTED) {//尚未连接成功时输出点号
    delay(500);
    Serial.print(".");
  }
  //连接成功后换行显示 WiFi 连接的详细信息
  Serial.println("");
  Serial.println("WiFi Connected");
  Serial.println("IP Address: ");
  Serial.println(WiFi.localIP());           //显示电路板获取的 IP 地址
}
void loop() {}
```

(2) 将连接到电路板的 USB 线缆插入计算机(本实践项目无须其他接线),待程序上传成功后打开串口监视器,观察 WiFi 连接情况。

该实践项目的正确结果:串口监视器中首先显示 Connecting to ChinaNGB-201 的提示(伴随点号逐个出现),之后显示“WiFi Connected”,并在 IP Address:提示语后显示电路板获取到的 IP 地址,如图 6-5 所示。

电路板连接 WiFi 信号.mp4(19.1MB)

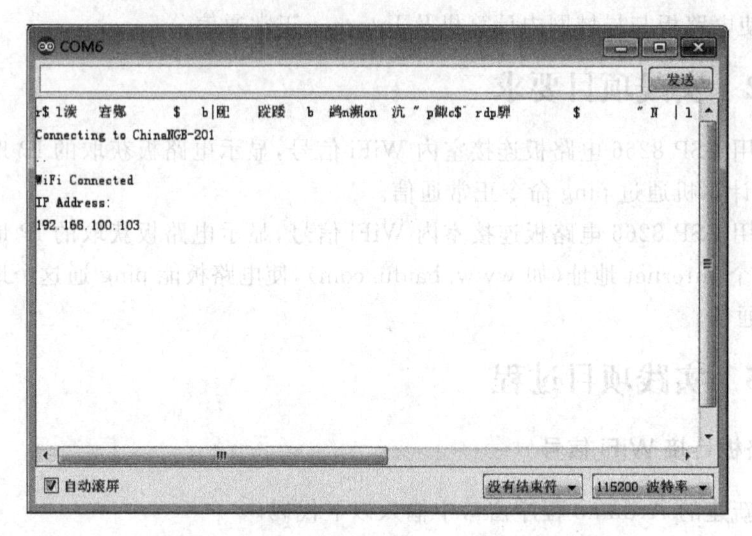

图 6-5　电路板连接 WiFi 信号实践项目结果

2. 电路板连接 WiFi 信号测试 Internet 通信

(1) 在新建的 Arduino 程序窗口中输入以下代码。

```
#include <ESP8266WiFi.h>
#include <ESP8266Ping.h>
const char * ssid = "...";
const char * password = "...";
const char * remote_host = "www.baidu.com";      //要测试连接的网站域名
void setup() {
  Serial.begin(115200);
  delay(10);
  Serial.println();
  Serial.println("Connecting to WiFi");
  //连接 WiFi 并显示连接是否成功
  WiFi.begin(ssid, password);
    while (WiFi.status() != WL_CONNECTED) {
    delay(100);
    Serial.print(".");
  }
  Serial.println("");
  Serial.print("WiFi connected with IP ");
  Serial.println(WiFi.localIP());
  //测试电路板到测试网站是否可以通信并显示测试结果
  Serial.print("Pinging host ");
  Serial.println(remote_host);
  if(Ping.ping(remote_host)) {
    Serial.println("Success");
  } else {
    Serial.println("Error");
```

```
    }
  }
  void loop() { }
```

(2) 将连接到电路板的 USB 线缆插入计算机，待程序上传成功后打开串口监视器，观察 WiFi 连接情况及与 Internet 的通信情况。

该实践项目的正确结果：串口监视器中首先显示 Connecting to WiFi 的提示(伴随点号逐个出现)，之后显示 WiFi Connected，并在 with IP 提示语后显示电路板获取到的 IP 地址，然后在 Pinging host www. baidu. com 提示语之后显示测试结果 Success，如图 6-6 所示。

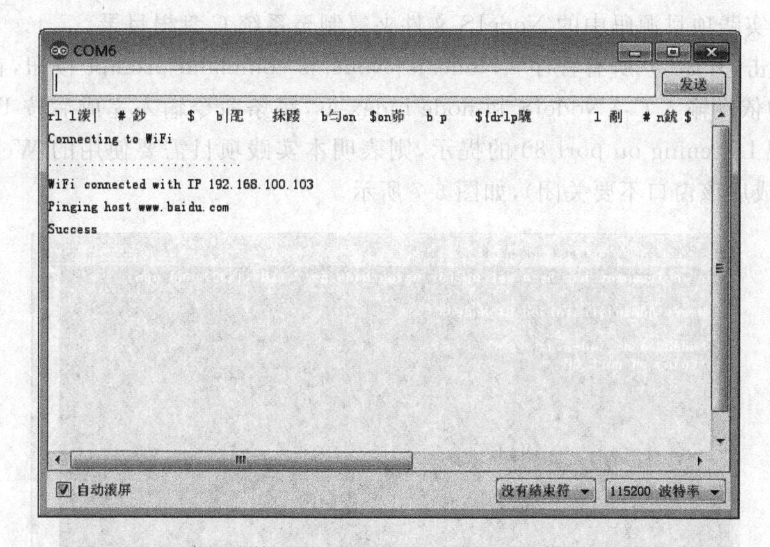

图 6-6　电路板连接 WiFi 信号测试 Internet 通信实践项目结果

电路板连接 WiFi 信号测试 Internet 通信. mp4(18. 1MB)

6.5　实践项目 8：传感器数据网站发布

6.5.1　实践项目目的

通过本实践项目，熟悉在计算机上使用 NodeJS 配置 WebService 的基本方法，掌握将传感器数据通过 WiFi 传递到 WebService 并发布的方法。

6.5.2　实践项目要求

(1) 使用 NodeJS 软件在计算机上创建 WebService 服务器。

(2) 使用导线正确连接 ESP 8266 电路板及温湿度传感器，实现温湿度数据的获取。

(3) 使用 ESP 8266 电路板连接 WiFi，将获取到的温湿度数据传递到 WebService 服务器，并通过手机等设备查看到这些数据。

6.5.3 实践项目过程

1. 安装及配置 NodeJS

(1) 在 NodeJS 安装包中选择对应操作系统版本的安装文件，若是 32 位的 Windows 操作系统则选择 Windows Installer (32 bit)，双击后根据提示默认安装即可。

(2) 将实践项目源码中的 NodeJS 文件夹复制至系统 C 盘根目录。

(3) 单击"开始"|"所有程序"|Node. js|Node. js command prompt 按钮，在弹出的命令行窗口中依次输入 C:\NodeJS 和 node index. js，每条命令输入完成后按 Enter 键，若窗口中出现 Listening on port 80 的提示，则表明本实践项目需要使用的 WebService 配置完成(完成后该窗口不要关闭)，如图 6-7 所示。

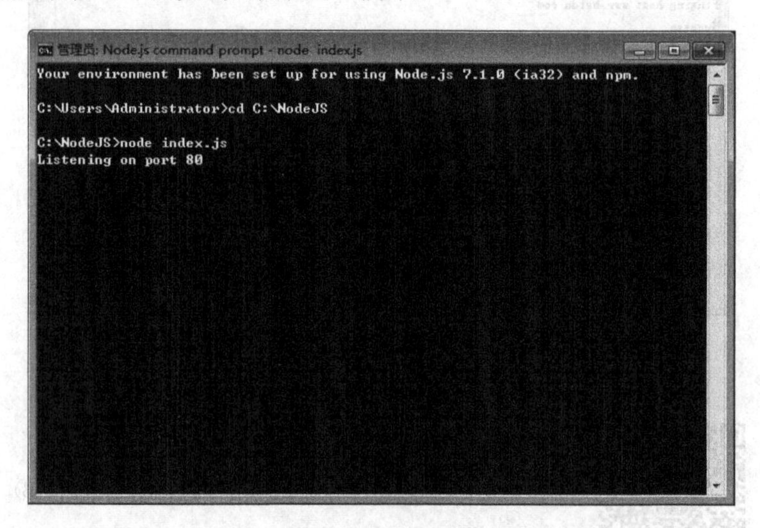

图 6-7 启动 WebService 服务

2. 搭建实践项目电路及编写程序代码

(1) 按照实践项目 7 的实践项目过程 1 搭建电路，如图 6-8 所示。

(2) 在新建的 Arduino 程序窗口中输入以下代码。

```
#include <dht11.h>                    //引入库，用于获取温湿度传感器的值
#include <ESP8266WiFi.h>              //引入库，用于连接 WiFi
#include <ESP8266HTTPClient.h> //引入库，用于编写 HTTP 命令
//填写 WiFi 信息
const char * ssid = "...";
const char * password = "...";
//指定 Web 服务器地址，即安装 NodeJS 的计算机的 IP 地址
String webServiceIPAddress = "192.168. * . * ";
```

图 6-8　传感器数据网站分布电路连接图

```
dht11 DHT11;
#define DHT11PIN 14                          //温湿度传感器的数据引脚连接在 GPIO14 接口
void setup(){
  Serial.begin(115200);
  Serial.println("DHT11 TEST PROGRAM ");
  Serial.println();
  //WiFi 连接
  Serial.print("Connecting to ");
  Serial.println(ssid);
  WiFi.begin(ssid, password);
  while (WiFi.status() != WL_CONNECTED) {
    delay(500);
    Serial.print(".");
  }
  Serial.println("");
  Serial.println("WiFi Connected");
  Serial.println("IP Address: ");
  Serial.println(WiFi.localIP());
}
void loop(){
  //定时更新显示 WiFi 信息
  Serial.println("\n");
  Serial.println("");
  Serial.println("WiFi Connected");
  Serial.println("IP Address: ");
  Serial.println(WiFi.localIP());
  //获取温湿度传感器的值
  int chk = DHT11.read(DHT11PIN);
  Serial.print("Read Sensor: ");
  switch (chk){
    case DHTLIB_OK:
    Serial.println("OK");
    break;
    case DHTLIB_ERROR_CHECKSUM:
    Serial.println("Checksum error");
    break;
    case DHTLIB_ERROR_TIMEOUT:
    Serial.println("Time out error");
    break;
```

```
    default:
    Serial.println("Unknown error");
    break;
  }
  //输出显示获取到的温湿度数值
  Serial.print("Humidity: ");
  Serial.print(String(DHT11.humidity));
  Serial.println(" % ");
  Serial.print("Temperature: ");
  Serial.print(String(DHT11.temperature));
  Serial.println("C");
  //通过 HTTP 将获取的温湿度传感器数据传递到 WebService 服务器
  if(WiFi.status() == WL_CONNECTED){ //检查 WiFi 连接状态,若正常,执行下列代码
    HTTPClient http;
    http.begin("http://" + webServiceIPAddress + "/weather");
    http.addHeader("Content-Type", "application/json"); //Specify content-type header
    String body = "{ \"temp\":\"" + String(DHT11.temperature) + "\", \"humidity\":\"" +
    String(DHT11.humidity) + "\" }";
    Serial.println(body);
    int httpCode = http.POST(body);
    String payload = http.getString();
    Serial.println(httpCode);
    Serial.println(payload);
    http.end();
  }
  else {
    Serial.println("Error in WiFi connection");
  }
  //每 2s 更新一次数据
  delay(2000);
}
```

(3) 将连接到电路板的 USB 线缆插入计算机,待程序上传成功后打开串口监视器,观察 WiFi 连接情况及温湿度数据获取情况,正确的结果如图 6-9 所示,每 2s 会出现新的数据。

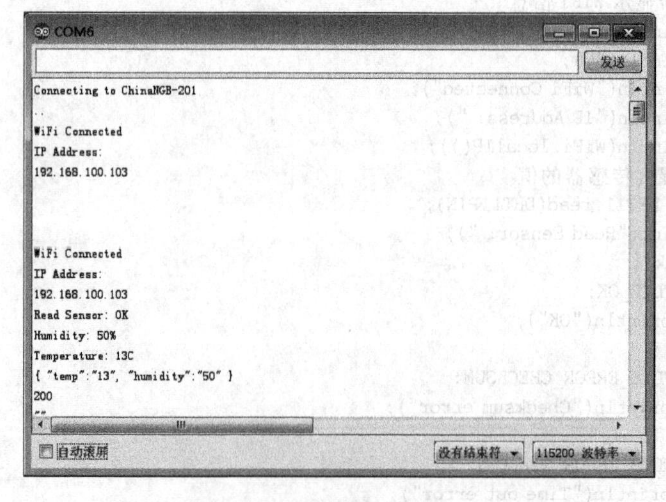

图 6-9 串口监视器输出的结果

3. 测试实践项目结果

（1）查看图 6-9 的命令行窗口，每 2s 会出现新的数据，如图 6-10 所示。

```
管理员: Node.js command prompt - node  index.js
Request Made: Fri Feb 17 2017 22:22:38 GMT+0800 (中国标准时间)
Request Made: Fri Feb 17 2017 22:22:39 GMT+0800 (中国标准时间)
{ temp: '14', humidity: '73' }
Request Made: Fri Feb 17 2017 22:22:40 GMT+0800 (中国标准时间)
Request Made: Fri Feb 17 2017 22:22:41 GMT+0800 (中国标准时间)
Request Made: Fri Feb 17 2017 22:22:42 GMT+0800 (中国标准时间)
{ temp: '14', humidity: '73' }
Request Made: Fri Feb 17 2017 22:22:43 GMT+0800 (中国标准时间)
Request Made: Fri Feb 17 2017 22:22:44 GMT+0800 (中国标准时间)
{ temp: '14', humidity: '73' }
Request Made: Fri Feb 17 2017 22:22:45 GMT+0800 (中国标准时间)
Request Made: Fri Feb 17 2017 22:22:46 GMT+0800 (中国标准时间)
{ temp: '14', humidity: '72' }
Request Made: Fri Feb 17 2017 22:22:47 GMT+0800 (中国标准时间)
Request Made: Fri Feb 17 2017 22:22:48 GMT+0800 (中国标准时间)
{ temp: '14', humidity: '72' }
Request Made: Fri Feb 17 2017 22:22:49 GMT+0800 (中国标准时间)
Request Made: Fri Feb 17 2017 22:22:50 GMT+0800 (中国标准时间)
{ temp: '14', humidity: '71' }
Request Made: Fri Feb 17 2017 22:22:51 GMT+0800 (中国标准时间)
Request Made: Fri Feb 17 2017 22:22:52 GMT+0800 (中国标准时间)
Request Made: Fri Feb 17 2017 22:22:53 GMT+0800 (中国标准时间)
{ temp: '14', humidity: '71' }
Request Made: Fri Feb 17 2017 22:22:54 GMT+0800 (中国标准时间)
```

图 6-10　通过 NodeJS 的命令行窗口查看结果

（2）打开任意一台联入局域网的计算机的浏览器（可使用谷歌、傲游等浏览器，IE、360 等浏览器可能无法正确显示），在地址栏输入 WebService 服务器 IP 地址，即安装 NodeJS 的计算机的 IP 地址，若上述配置均正确，则会出现如图 6-11 所示的页面效果，页面数据每 2s 会自动更新（可试图改变传感器附近温湿度数据来观察曲线变化）。

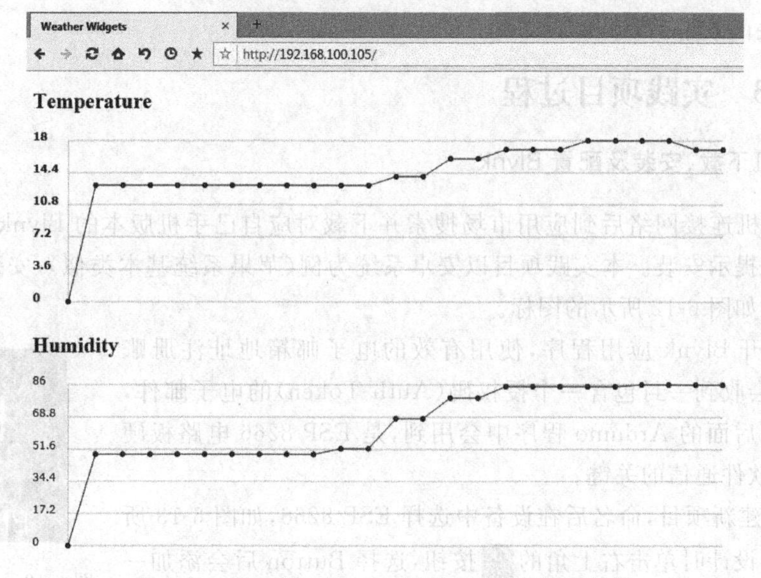

图 6-11　通过 WebService 网页查看实践项目结果

（3）使用连接了 WiFi 的手机打开浏览器，输入 WebService 服务器 IP 地址，可查看到与（2）中相同的结果。

（4）断开连接到计算机上的 USB 线缆，改由供电模块（9V 电池）供电，此时传感器成为可移动的设备，通过计算机或手机仍然可以查看到实时的温湿度数据。

传感器数据网站发布.mp4(70.9MB)

6.6 实践项目9：远程控制LED灯

6.6.1 实践项目目的

通过本实践项目，了解手机远程控制物联网设备的基本工作原理，熟悉能控制物联网设备的常见手机 APP 应用程序，掌握通过 Blynk 手机 APP 软件远程开启和关闭 LED 灯的配置方法。

6.6.2 实践项目要求

（1）在手机上下载安装 Blynk 应用程序，注册账户并新建项目，制作控制 LED 灯开关的界面并完成相应设置。

（2）使用导线正确连接 ESP 8266 电路板及 LED 灯，并编写相应的 Arduino 程序代码，连接 WiFi 并把相应信息传递到 Blynk 云服务平台，实现使用 Blynk 手机 APP 控制 LED 灯开关的效果。

6.6.3 实践项目过程

1. 手机下载、安装及配置 Blynk

（1）手机连接网络后到应用市场搜索并下载对应自己手机版本的 Blynk 应用程序，下载后根据提示安装。本实践项目以安卓系统为例（苹果系统基本类似），安装成功后在手机上出现如图 6-12 所示的图标。

（2）打开 Blynk 应用程序，使用有效的电子邮箱地址注册账号，成功后会收到一封包含一个授权码（Auth Token）的电子邮件，此授权码在后面的 Arduino 程序中会用到，是 ESP 8266 电路板硬件与 APP 软件通信的关键。

图 6-12　Blynk 图标

（3）创建新项目，命名后在设备中选择 ESP 8266，如图 6-13 所示。在界面设计时单击右上角的⊕按钮，选择 Button 后会添加一个按钮到操作界面上（该 APP 初始时有 2000 能量值，使用控件会消耗一定的能量值,例如,使用一个按钮会消耗200能量值,删除控件后相应能量值会自动恢复,即一个项目最多能同时使用的控件能量值总和不能超过2000,若需要增加能量值的总量,则需要另行购买,软件中有相应的说明)。可以自由移动按钮到任意位置,单击这个按钮,进入设置界面,如图6-14所示设置按钮的名称、选择LED灯连接的GPIO接口号,选择按钮的模式,设置开关上文字的内容。

图6-13 创建新项目

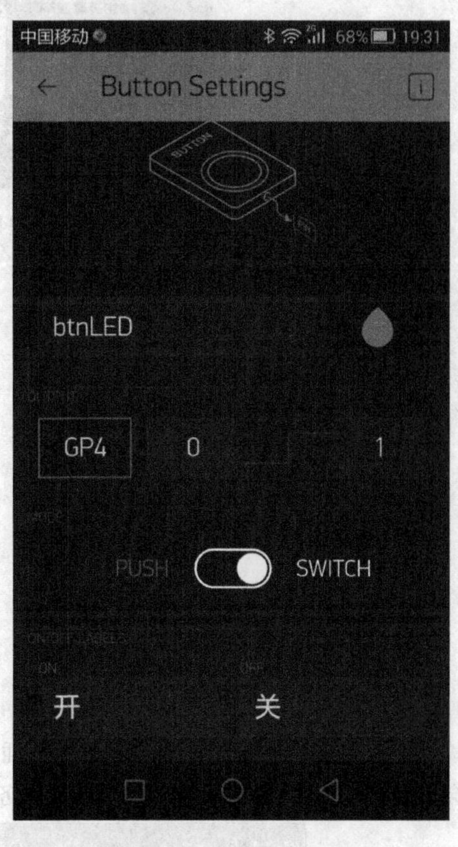

图6-14 设置按钮的属性

2. 连接电路板及编写 Arduino 程序

(1) 使用导线连接面包板的电源总线负极到电路板的GND接口。放置一盏LED灯在面包板上,正极通过导线连接到电路板的D2(GPIO4)接口(必须与APP应用程序中设置的端口一致),负极通过一个1kΩ电阻连接到面包板电源总线负极,电路连接如图6-15所示。

(2) 在新建的Arduino程序窗口中输入以下代码。

```
#define BLYNK_PRINT Serial
#include <ESP8266WiFi.h>
#include <BlynkSimpleEsp8266.h>          //需下载更新相应库文件
//使用邮箱在 APP 上注册 Blynk 账号,会收到此授权码
char auth[] = "**********";
```

图 6-15　远程控制 LED 灯电路连接图

```
//填写要连接的 WiFi 的 SSID 和密码
char ssid[] = "…";
char pass[] = "…";
void setup(){
  Serial.begin(115200);
  Blynk.begin(auth, ssid, pass);              //开始 Blynk 连接
}
void loop(){
  Blynk.run();                                //运行 Blynk
}
```

3. 测试实践项目结果

(1) 将连接到电路板的 USB 线缆插入计算机，待程序上传成功后打开串口监视器，会显示 WiFi 连接情况及与 Blynk 云服务器的连接情况，如图 6-16 所示。

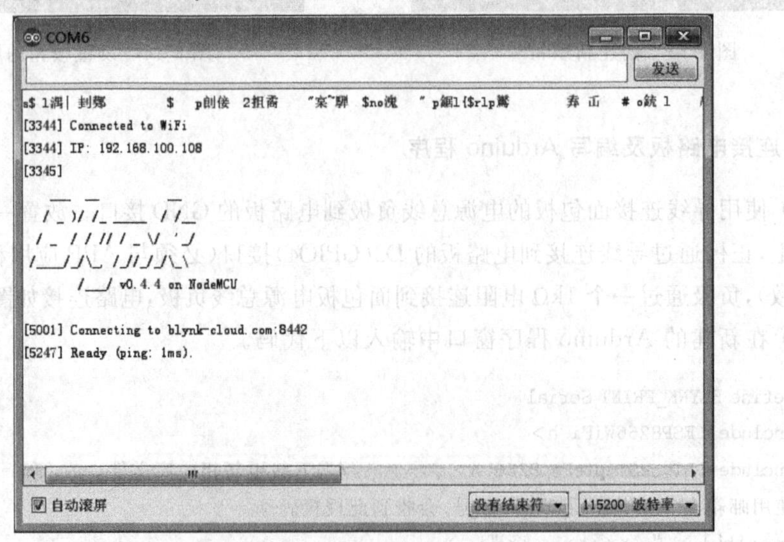

图 6-16　串口监视器输出的结果

(2) 在手机上打开 Blynk 软件，在项目中单击右上角的按钮，运行程序。运行状态下单击右上角的按钮，可查看设备是否在线，单击按钮可返回编辑状态。

(3) 通过单击 APP 中的开关按钮，可切换开关的状态，同时面板上的 LED 灯的开启状态也会随之改变，如图 6-17 所示。因为是通过位于 Internet 的云服务器发送指令控制 LED 灯的开启和关闭，因此当手机不接入本地 WiFi 而使用移动数据网络时仍然可以实现对面板上 LED 灯的控制。ESP 8266 电路板也可以断开与计算机的 USB 线缆连接，改由供电模块(9V 电池)供电，此时一个真正意义上的物联网设备就诞生了。

远程控制 LED 灯.mp4(123MB)

图 6-17 APP 运行状态

本章小结

本章讨论了物联网通信技术的三种技术，包括数字通信技术、移动通信技术及短距离无线通信技术。其中重点讨论了数字通信系统的基本模型和优缺点，移动通信的过程和发展史，移动通信系统的基本模型，移动通信技术的工作频段和方式，短距离无线通信技术中的蓝牙技术、ZigBee 技术、UWB 技术、NFC 技术和 WiFi 的组成、特点和应用。

习题与思考

(1) 简述数字通信系统的基本模型和优缺点。

(2) 简述移动通信过程。

(3) 简述移动通信技术的发展史。

(4) 简述移动通信系统的基本模型。

(5) 目前常见的短距离无线通信技术有哪些?

(6) 比较蓝牙、ZigBee、UWB、NFC、WiFi 的优缺点,适用于哪些物联网应用场景?

第 7 章

物联网技术应用案例

7.1 物联网技术在智能交通中的应用

7.1.1 智能交通的定义

交通是经济发展的动脉，智能交通是智慧城市的重要构成元素。智能交通系统(Intelligent Transportation System，ITS)这一国际性的术语，于1994年被正式认定，通过多年的发展与技术的更新，将先进的信息技术、数据通信传输技术、RFID技术、无线通信技术、GPS、视频检测识别技术、电子传感技术、控制技术及计算机技术等集成化运用于交通管理中。

7.1.2 智能交通的作用

通过实时监控车流量、路况，结合判断时段车流量大数据。交通指挥中心将实时路况通过广播、导航、电子信息板等渠道告知正在行驶的驾驶者，得知信息后，驾驶者选择避开拥堵路段从而减少交通负荷，并能提高交通工具的使用效率。

7.1.3 物联网在智能交通中的应用

1. 交通诱导系统

交通诱导系统是在城市或高速公路口，通过电子大屏，为驾驶者或出行人员提供下游目的道路的交通状况，在行车过程中可以选择适合的道路。既为出行者提供了诱导服务，同时又调节了交通车流分配，改善交通状况。交通诱导系统包含4个子系统：交通流采集子系统、车辆定位子系统、交通信息服务子系统与行车路线优化子系统，如图7-1所示。

(1) 交通流采集子系统。交通诱导的前提条件包含两个方面：一个是交通信号控制应是实时自适应交通信号控制系统。另一个是接口技术的研究，将交通流传送到交通流诱导主机，利用实时动态交通分配模型和相应的软件进行实时交通流量分配，显示交通网络中各路段与交叉口的交通流量。

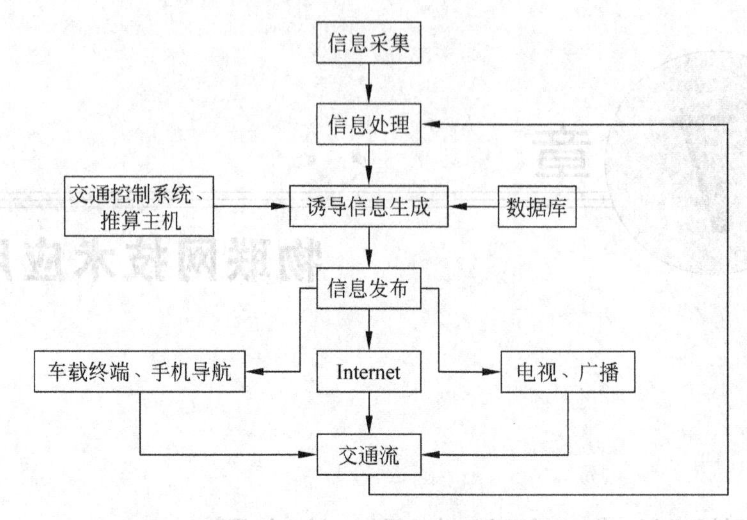

图 7-1 交通诱导系统图

(2) 车辆定位子系统。车辆定位技术通过地图匹配定位、推算定位、惯性导航系统、全球定位系统等定位方法来确定车辆在路网中的准确位置。

(3) 交通信息服务子系统。交通信息服务子系统将主机运算出的交通信息、预测的交通信息通过传播媒体传送给公众,它是交通诱导系统的重要组成部分。推送的媒体包括广播、电视、车载导航、网络等。

(4) 行车路线优化子系统。行车路线优化子系统的作用是根据行车人员的初始位置与目的位置,结合交通数据采集子系统传输的信息,为行车人员提供多种出行路线。出行人员可根据自身情况来选择路线,如距离最短、收费最少、拥堵最少等。最大限度地避免交通拥堵,减少延误。

2. 对限速路段的管制功能

超速是道路交通违法行为,在驾车行驶中,汽车的行驶速度超过法律、法规规定的速度,非常有可能造成重大恶性事故。

使用重力传感器进行超速抓拍(见图 7-2),它由重力传感器、抓拍主机、车牌识别系统组成。系统对待定地点路面的速度与图像进行监控,系统接收到重力传感器发出信号,当收到的重力值相同时,可以判断为同一车辆。记录行车经过相邻的两个重力传感器的时间 T,相邻重力传感器的距离 S 为固定值。根据 $V=S/T$,当 V 超过预设值时,摄像机对超速车辆进抓拍,然后经过数据采集系统将图像送到工控机进行图像信号处理,从而得到违法目标的清晰图像,同时可以生成违法图像和速度信息数据库,并根据实际要求生成违法处罚通知单,提供交管执法依据。

车速的判断方法还有区间测速与雷达测速,本书不再对其做详细介绍。

3. 停车场泊位查询、自动收费监控管理功能

随着物联网技术的发展,停车场管理系统日益趋向智能化。许多物联网技术被运用

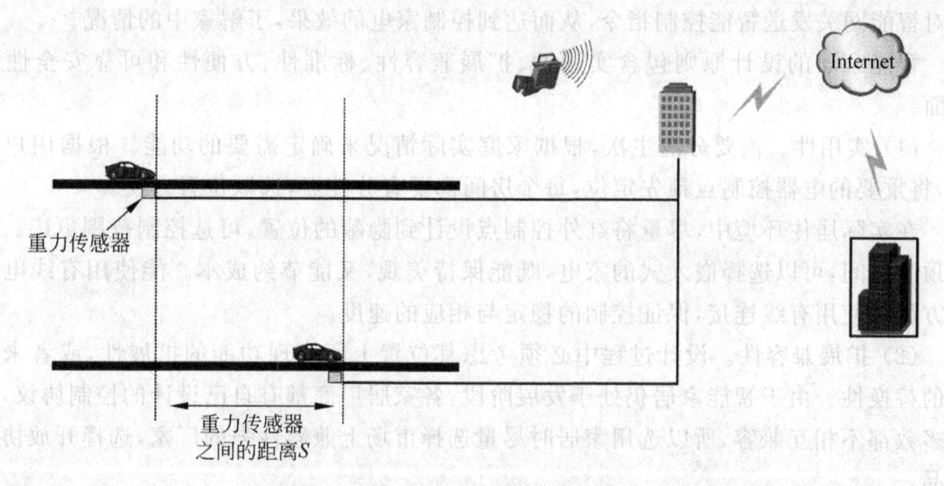

图 7-2 通过重力传感器判断车速

于各类停车场出入口，如无线射频识别技术(RFID)、电子不停车收费系统(ETC)、取车引导等技术。

无线射频识别技术是常见的物联网技术，俗称 RFID 技术，是一种常用的通信技术，通过无线电信号来识别和读写目标的相关数据，进而建立机械或光学接触。在停车场中，当车辆准备从入口进入触发地感线圈，远距离读卡器随即开始工作，接收停车卡发出的射频信号并进行解码，再发送指令控制道闸的开与关，使车辆能快速进入停车场，提高效率。

高速 ETC 即电子不停车收费系统，广泛应用于高速公路的收费。在车辆不停的状态下，系统会对车辆进行身份识别、电子扣费。

当将车开入大型商场中，最常遇见的问题就是寻找不到自己的车辆。取车引导技术可以帮助车主快速寻找到车辆，其重要的两个结构是车牌识别技术与反向寻车终端。根据对车位摄像机传来的视频图像进行处理，提出车位信息、占用信息、停放车辆信息与车牌号，发送至服务器中保存，随时对数据进行调用。当车主准备离开时，可以在反向寻车终端输入相关车牌信息，通过系统查询马上显示车辆所在车位位置，并提供取车路线方便车主。

7.2 物联网技术在智能家居中的应用

7.2.1 智能家居的定义及设计原则

智能家居是建立在以住宅为平台的基础上，包含建筑建造、网络通信、信息家电、设备自动化、集成控制管理，打造一个舒适、安全、便利的居住环境。智能家居系统通过物联网技术将家中的家电设备连接在一起，提供家电控制、照明控制、安防监控、远程控制以及制定策略等功能和手段。智能家居是一个集成化的系统体系环境，通过智能网关，将家中的灯光、音响、电视、空调、排风扇、电动窗帘、监控摄像等设备连接在一起，并且根据住户的生活习惯与个性需求设置相应的情境模式。无论何时何地都能通过手机、平板电脑、计算机对智能网关发送智能控制指令，从而达到控制家电的效果，了解家中的情况。

智能家居的设计原则包含实用性、扩展兼容性、标准性、方便性和可靠安全性5个方面。

(1) 实用性。需要分清主次，根据家庭实际情况来确定需要的功能。根据用户的需求，将重要的电器控制点预先定位，每个房间都要有分控点，选取位置方便。

在实际居住环境中，尽量将红外控制点设计到隐蔽的位置，可选控制范围更广。有些吊顶的房间，可以选择嵌入式的家电，既能保持美观，又能节约成本。能使用有线电缆的地方尽量使用有线连接，保证控制的稳定与相应的速度。

(2) 扩展兼容性。设计过程中必须考虑其位置上所实现功能的扩展性，或者未来设备的替换性。由于智能家居仍处于发展阶段，各家居厂商都有自己设计的控制协议，并且大多数都不相互兼容，所以选用家居时尽量选择市场上兼容性强的厂家，选择开放协议的产品。

(3) 标准性。智能家居系统设计，应按照国家和地区的相关标准进行，确保兼容性。网络通信传输应采用TCP/IP协议，确保不同厂商的家电设备可以互联。

(4) 方便性。在设计过程中，应当考虑人在家中的生活习惯、规律等。

在温度低于常规温度时，空调运行，调整房间温度。光线过暗时，窗帘自动拉开，提高房间的光照。在家中设置监控摄像头来确保家庭财产的安全，应当通过外网访问数据实时获知家中情况。

(5) 可靠安全性。安防部分的设计要注意安全与可靠。

对家中可能发现危险的地方都需要配置相应的探头。厨房应当设置有煤气探测。窗口应当设置人体红外感应判断是否有外人入侵。监控需要注意保护隐私，选取的地方尽量不是家人频繁活动的范围。

7.2.2 智能家居的控制方式

智能家居从连接与控制的方式来看，可以分为本地控制与远程控制。

1. 本地控制

本地控制并非传统意义上的家居控制，而是通过智能开关、平板电脑、个人主机、无线遥控器对家居的控制使用。

智能开关控制是利用智能面板、插座对家居进行控制，更多使用在灯具、风扇等不需要具体参数设置的家居上，只有开与关的两种状态的家居适用于智能开关控制。

无线遥控器配合红外发射器与主机，将原配电器遥控的功能存储于红外发射器中。如图7-3所示，手机下载APP后通过对家电红外的学习具有控制的功能，实现了一部手机可以控制家中电视、空调、DVD、有线电视机顶盒等多种设备。

2. 远程控制

远程控制一般指远离住宅，通过计算机或者手机来对家电进行控制，控制设备与家电应属于不同网络。如在已经装修好的家庭中应用无线WiFi连接，避免破坏原有布线环

图 7-3　手机红外遥控 APP

境。采用无线 WiFi 技术的优点是它不受家居房屋结构和装修的影响且不需要布线，拓展性强，并且 WiFi 信号传输距离可以满足家庭需求。结构拓扑如图 7-4 所示，在本设计中采用智能手机作为终端。现在智能手机大多含有 WiFi 模块，以 WiFi 网关作为集中控制器控制家电。

7.2.3　物联网技术在智能家居中的应用

1. 智能安防系统

物联网在家庭场景应用中最基本的要求是安全与便捷。物联网将企业级应用带入家庭中，如，安全监控系统，安装家庭监控摄像头，就可以组成完整的家庭监控系统。不论房子多大，这些摄像头通常具有广角镜头，可拍高清视频，并内置了移动传感器、夜视仪等先进功能，用户可以在任何地方通过手机应用查看室内的实时状态。除了监控摄像头外，窗户传感器、智能门铃(内置摄像头)、烟雾监测器，都是可以选择的家庭安全设备。用户可以设置条件，如当红外传感器接收到的信号为 1 即有人状态，通过手机提示家庭人员，打开监控摄像观察家中情况，如发现外人非法入侵及时报警，极大地提高了家庭安防。

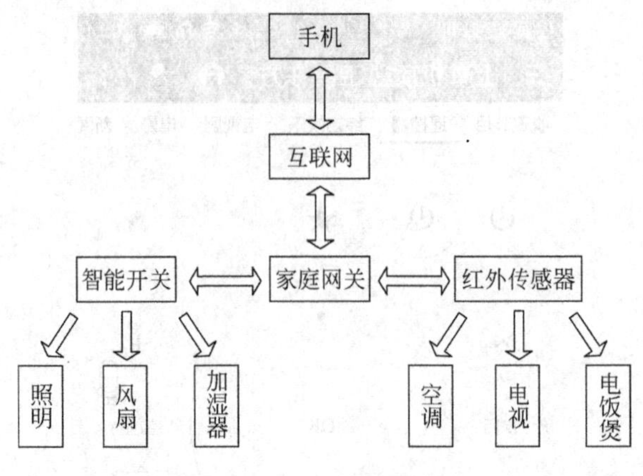

图 7-4 智能家居逻辑图

2. 智能照明系统

控制智能照明系统应用广泛，其最大的特点是场景设置，用户可以在照明系统中设置情境模式，例如会客模式、工作模式、休闲模式、睡眠模式等。根据不同的模式，设置不同的灯光的明暗程度。在同一室内可有多路照明回路，对每一回路亮度调整后达到某种灯光气氛称为场景，切换情境模式的淡入/淡出时间，利用各种传感器及遥控器达到对灯光的自动控制。

智能照明系统有很多优点：营造舒适的光感效果，舒服的环境有利于人的身心健康，提高工作和生活效率；合理设置灯具的使用，延长灯具寿命，节能环保；采用亮度传感器，自动调节灯光强弱。一些走廊采用移动传感器，当人走进感应区灯光渐渐亮起，当人离开感应区灯光减弱或熄灭，达到节能的目的。

3. 智能遥控系统

智能遥控开关在替代传统墙壁开关的同时，更具有对室内灯光进行控制的功能，如情境功能、全开全关功能、遥控开关功能等，可以在家中任意位置控制灯光和电器，并具有节能、防火、防雷、安装便捷等特点，取代传统手动式开关已逐渐成为潮流与发展方向。智能遥控开关实用性强，智能性高，具有以下突出优点：无方向远距离隔墙控制功能，一般在80m半径内可以做到信号覆盖，且可以穿透2～3堵墙体；极强抗干扰能力，可靠性高，具有防火与防雷击功能；具有手动开关和遥控开关两种模式，既增强了方便性，又承袭了原有的习惯；断电保护功能，遇到断电情况，开关全部关闭，重新来电时，开关处于关闭状态，不会因未知开关状态而造成危险，也可以在无人状态时节约电能；家电控制集成功能，一般家庭都被遥控器所困扰，现在只需一个遥控器，就可以实现对室内空调、电视、电动窗帘等设备的控制，组建一个智能家居系统；超载保护功能，遥控开关里有过流保护装置，当电流过大时，保险管会先断开，起到保护电路的作用。

7.3 物联网技术在智能物流中的应用

7.3.1 智能物流的概念

智能物流系统(Intelligent Logistics System,ILS)是在智能交通系统(Intelligent Transportation System,ITS)和相关信息技术的基础上,电子商务(Electronic Commerce,EC)化运作的现代物流服务体系。智能物流系统和相关信息收集技术的结合,获取物流作业的实时信息采集,并在集成的环境下对采集的信息进行分析和处理,为物流服务提供商和客户提供详尽的物流信息与查询服务。

智能物流系统的主要作用是对物流企业本身进行过程重组,使传统物流企业的管理和业务流程得到根本性的改造,改变运营模式,提高工作效率。随着电子商务的飞速发展,使其能够在信息化社会中得以生存。在电子商务的运营环境下,为客户提供增值性物流服务,增加便利,提高效率,降低成本,延伸企业在供应链上下游的业务。

7.3.2 物联网在智能物流中运用的主要技术

物联网在智能物流中应用的主要技术有感知技术、网络通信技术、智能技术等。

1. 智能物流中的物联网感知技术

目前,在智能物流行业常用的物联网感知技术主要有RFID技术、GPS技术、传感器技术、射频识别技术、激光技术、红外技术以及视频技术等。

以RFID技术为例,在智能物流领域,RFID技术主要应用于仓库管理、配送中心管理、供应链管理、集装箱运输管理、停车场管理、货运车辆管理以及产品防伪等多个方面。随着物联网发展力度的加大,RFID技术在智能追溯方面的应用不断加深,仓库管理过程中提高货物出入库以及盘点的效率和准确性。

2. 智能物流中的物联网通信技术

智能物流领域中常采用的网络技术是局域网技术、无线局域网技术、现场总线技术、互联网技术和无线通信技术等,以实现"物"的互联互通。

3. 智能物流中的物联网智能技术

智能物流领域常采用的智能技术主要包括云计算技术、智能计算技术、智能调度技术、数据挖掘技术、专家系统技术和ERP技术等。

7.3.3 智能物流中存在的问题及解决方法

将物联网应用到智能物流领域当中确实对企业带来了很多的积极效应,但是不得不承认物联网的应用毕竟还处于初级阶段,因此物联网在智能物流领域的应用当中难免出现一些问题,针对这些问题,本书提出一些探索性的解决方案。

1. 行业标准化问题

物联网在智能物流中的应用刚刚起步,不同国家、地区和行业的技术标准缺乏统一性,网络技术无法互联互通,应用技术不能兼容。要改变行业标准化的问题需要加强不同国家、地区和行业之间的交流合作,建立相关的物联网行业标准,确保硬件设备与软件系统的兼容性。建立统一的标准是物联网发展的趋势,更是物流行业应用市场的需求。

2. 安全与隐私方面

物联网是互联网的延伸与扩展,所以它也具备互联网的特性,面临信息盗取、信息篡改、遭受攻击等威胁。同时物联网信息感知设备具有暴露性,许多设备都能通过物理的手段获取设备中的重要信息,这两个方面都会威胁到信息的安全性。由于在新领域的法律空白之中,需要政府出台相应的法律法规来限制、制裁不法分子,研究开发设备提高安全性,并在管理方面做好保护工作。

3. 投入与回报

物联网是新型产业,引入智能物流领域需要大量的资金投入,大部分的资金投入包括硬件、软件的开发测试,以及人员培训等费用。物联网的应用主要集中在产品价值高和企业利润大的领域,要改变现状,需要大力发展物联网技术,对物联网进行推广,使更多企业认识了解物联网,参与到开发过程中,将物联网应用推广至整个供应链。这样不仅能增加成本的共同承担者以降低各企业的相对成本,又能形成规模效益以降低应用中的绝对成本。

7.3.4 智能物流结合物联网技术的未来发展

1. 统一标准,共享物流信息

物联网局部应用是闭环和独立的,没有必要实现全部的物品互联到一个统一的网络体系中。但是在物联网基础层面,统一的标准平台是必需的,局部的物联网系统、内部局域网等都可以在统一的标准体系上建立。统一的物联网基础体系是物联网运行的前提,只有在统一的体系基础上建立的物联网才真正能做到互联互通,做到信息共享和智慧应用。

2. 互联互通,融入社会物联网

物联网是聚合型的系统创新,必将带来跨系统、跨行业的网络建设与应用。随着标签与传感器网络的普及,物与物的互联互通,将给企业的物流系统、生产系统、采购系统与销售系统的智能融合打下基础,网络的融合必将产生智慧生产与智慧供应链的融合。随着社会物联网体系的开放,物流行业部分局部的物联网应用会很快融入社会物联网。

3. 多种技术,物流领域集成应用

目前,在物流业应用较多的感知手段主要是 RFID 和 GPS 技术,今后随着物联网技

术的发展，传感器、蓝牙、射频识别、M2M 等多种技术也将逐步集成应用于现代物流领域，用于现代物流作业中的各种感知与操作。

4. 物流领域将不断涌现出新模式

物联网是聚合、集成的创新理念，物联网带来的智慧物流革命将会涌现出许多创新的模式。

5. “物”有智慧，实现智慧物流变革

目前，德国弗朗恩霍夫物流研究院正在研究真正物流中的“物”本身具有智能的智慧物流体系，即让物流中的物自己知道自己要到哪里去，自己应该存放在什么位置等。

7.4 物联网技术在其他领域中的应用

7.4.1 智能仓储

1. 智能仓储的定义

智能仓储系统是由立体货架、有轨巷道堆垛机、出入库输送系统、信息识别系统、自动控制系统、计算机监控系统、计算机管理系统以及其他辅助设备组成的智能化系统。系统采用一流的集成化物流理念设计，通过先进的控制、总线、通信和信息技术应用，协调各类设备动作实现自动出入库作业。

智能仓储系统是智能制造工业 4.0 快速发展的一个重要组成部分，它具有节约用地、减轻劳动强度、避免货物损坏或遗失、消除差错、提供仓储自动化水平及管理水平、提高管理和操作人员素质、降低储运损耗、有效地减少流动资金的积压、提供物流效率等诸多优点。

2. 智能仓储的特点

实现仓库的信息自动化、精细化管理，指导和规范仓库人员日常作业，完善仓库管理、整合仓库资源，实现数字化管理，出入库、物料库存量等仓库日常管理业务可做到实时查询与监控。其主要的作用：提升仓库货位利用效率；减少对操作人员经验的依赖性，转变为以信息系统来规范作业流程，以信息系统提供操作指令；实现对现场操作人员的绩效考核；降低作业人员劳动强度；改善仓储的作业效率；减少仓储内的执行设备；改善订单准确率；提高订单履行率；提高仓库作业的灵活性等。

7.4.2 食品溯源

食品安全溯源体系是指在食品种植养殖、生产、流通以及销售与餐饮服务等环节，食品质量安全及其相关信息能够被顺向追踪或者逆向回溯，从而使食品的整个生产经营活动始终处于有效监控之中。该体系能够理清职责，明晰管理主体和被管理主体各自的责任，并能有效处置不符合安全标准的食品，快速查证不安全食品来源并分析原因，从而保证食品质量安全。

7.4.3 智能农业

智能农业是指在相对可控的环境条件下，采用工业化生产，实现集约高效可持续发展的现代超前农业生产模式，就是农业先进设施与陆地相配套，具有高度的技术规范和高效益的集约化规模经营的生产方式。它集科研、生产、加工、销售于一体，实现周年性、全天候、反季节的企业化规模生产。它集成现代生物技术、农业工程、农用新材料等学科，以现代化农业设施为依托，科技含量高，产品附加值高，土地产出率高和劳动生产率高，是我国农业新技术革命的跨世纪工程。

智能农业产品通过实时采集温室内温度、土壤温度、CO_2 浓度、湿度信号以及光照、叶面湿度、露点温度等环境参数，自动开启或者关闭指定设备。可以根据用户需求，随时进行处理，为设施农业综合生态信息自动监测，对环境进行自动控制和智能化管理提供科学依据。通过模块采集温度传感器等信号，经由无线信号收发模块传输数据，实现对大棚温湿度的远程控制。智能农业还包括智能粮库系统，该系统通过将粮库内温湿度变化的感知与计算机或手机的连接进行实时观察，记录现场情况以保证粮库的温湿度平衡。

7.4.4 智能医疗

智能医疗是通过打造健康档案区域医疗信息平台，利用先进的物联网技术，实现患者与医务人员、医疗机构、医疗设备之间的互动，逐步达到信息化。在不久的将来医疗行业将融入更多人工智慧、传感技术等高科技，使医疗服务走向真正意义上的智能化，推动医疗事业的繁荣发展，改善当前中国“大院人满为患，小院无人问津”的情况。在中国新医改的大背景下，智能医疗正在走进寻常百姓的生活，节省社会资源。

智能医疗结合无线网技术、条码 RFID、物联网技术、移动计算技术、数据融合技术等，将进一步提升医疗诊疗流程的服务效率和服务质量，提升医院综合管理水平，实现监护工作无线化，全面改变和解决现代化数字医疗模式、智能医疗及健康管理、医院信息系统等的问题和困难，充分体现医疗资源高度共享。

通过电子医疗和 RFID 物联网技术能够使大量的医疗监护工作实施无线化，而远程医疗和自助医疗，信息及时采集和高度共享，可缓解资源短缺、资源分配不均的窘境，降低公众的医疗成本。

7.5 实践项目 10：电位器应用

7.5.1 实践项目目的

通过本实践项目，了解电位器的工作原理和应用场景，熟悉电位器的安装使用过程，掌握在 Arduino 项目中获取电位器输出值的方法，并能应用电位器控制 LED 灯的闪烁频率、三色 LED 灯的显示颜色、舵机的转动角度等。

7.5.2　实践项目要求

(1) 使用 ESP 8266 电路板、电位器(如图 7-5 所示)、LED 灯、电阻和导线搭建电路并编写相应 Arduino 程序代码,通过旋转电位器按钮,控制 LED 灯的闪烁频率。

(2) 将第(1)步中的 LED 灯换成三色 LED(如图 7-6 所示),并添加电阻及导线,修改代码,实现旋转电位器按钮使三色 LED 灯呈现不同颜色灯光的效果。

(3) 将第(2)步中的三色 LED 灯及其电阻和导线拆除,使用一个舵机(如图 7-7 所示),修改代码,实现旋转电位器按钮使舵机指向不同角度的效果。

图 7-5　电位器

图 7-6　三色发光二极管(RGB LED)

图 7-7　舵机(伺服电动机)

7.5.3　实践项目过程

1. 电位器控制 LED 灯闪烁

(1) 使用导线分别连接面包板的电源总线正极和负极到电路板的 3V3 与 GND 接口。将一个电位器放置在面包板上,注意三个引脚必须在不同的行上,其中电位器上标注了数字 1 的引脚使用导线连接到面包板电源总线负极上,标注了数字 3 的引脚使用导线连接到面包板电源总线正极上,中间引脚使用导线连接到电路板 A0 口。在面包板上放置一盏 LED 灯,将正极通过一个 1kΩ 电阻连接到电路板 D2(GPIO4)接口,负极使用导线连接到面包板电源总线负极上。电路连接如图 7-8 所示。

图 7-8　电位器控制 LED 灯闪烁电路连接图

(2) 在新建的 Arduino 程序窗口中输入以下代码。

```
int potPin = 0;                         //定义电位器连接的模拟接口号
int ledPin = 4;                         //定义LED灯连接的数字接口号
int val = 0;
void setup() {
  pinMode(ledPin, OUTPUT);
}
void loop() {
  //获取电位器连接的模拟接口的输出值,与电压成正比,此处为 0～1023
  val = analogRead(potPin);
  digitalWrite(ledPin, HIGH);
  delay(val);
  digitalWrite(ledPin, LOW);
  delay(val);
}
```

(3) 将连接到电路板的 USB 线缆插入计算机,待程序上传成功后旋转电位器按钮,观察 LED 灯闪烁频率的变化,电位值越小,闪烁频率越快。

电位器控制 LED 灯闪烁. mp4(48.9MB)

2. 电位器控制三色 LED 灯显示不同颜色

(1) 将图 7-8 所示电路中的 LED 灯及电阻拆除,放置一盏三色 LED 灯在面包板上,注意 4 个引脚必须在不同行,其中最长的引脚使用导线连接到面包板电源总线负极。靠近负极引脚的最外侧引脚为红色引脚,通过一个 1kΩ 电阻并使用导线将其连接到电路板的 D1(GPIO5)接口。负极引脚的另一侧引脚为绿色引脚,通过一个 1kΩ 电阻并使用导线将其连接到电路板的 D2(GPIO4)接口。剩下的一个引脚为蓝色引脚,通过一个 1kΩ 电阻并使用导线将其连接到电路板的 D3(GPIO0)接口。电路连接如图 7-9 所示。

图 7-9 电位器控制三色 LED 灯显示不同颜色电路连接图

(2) 在新建的 Arduino 程序窗口中输入以下代码。

```
int trim = 0;                                    //定义电位器连接的模拟接口号
int val = 0;
int redPin = 5;                                  //定义三色 LED 灯的红色引脚连接的接口号
int greenPin = 4;
int bluePin = 0;
void setup(){
  Serial.begin(115200);
  pinMode(redPin, OUTPUT);
  pinMode(greenPin, OUTPUT);
  pinMode(bluePin, OUTPUT);
}
void loop(){
  val = analogRead(trim);                        //获取电位器输出值
  Serial.println(val);                           //从串口输出可以观察当前值
  //根据旋转电位器得到的不同输出值,设置为不同的颜色显示
  if(val < 100)
    setColor(255, 0, 0);                         //调用自定义的 setColor()函数
  else if(val >= 100 && val < 200)
    setColor(0, 255, 0);
  else if(val >= 200 && val < 300)
    setColor(0, 0, 255);
  else if(val >= 300 && val < 400)
    setColor(255, 255, 0);
  else if(val >= 400 && val < 500)
    setColor(255, 0, 255);
  else if(val >= 500 && val < 600)
    setColor(0, 255, 255);
  else if(val >= 600 && val < 700)
    setColor(255, 255, 255);
  else if(val >= 700 && val < 800)
    setColor(200, 100, 50);
  else if(val >= 800 && val < 900)
    setColor(50, 200, 100);
  else if(val >= 900)
    setColor(100, 50, 200);
}
//自定义函数,设置三色 LED 灯的显示颜色
void setColor(int red, int green, int blue){
  analogWrite(redPin, red);
  analogWrite(greenPin, green);
  analogWrite(bluePin, blue);
}
```

(3) 将连接到电路板的 USB 线缆插入计算机,待程序上传成功后旋转电位器按钮,观察三色 LED 灯光颜色的变化。本实践项目结果会呈现一共 10 种不同颜色,还可以打开串口监视器查看当前电位器的输出值(应为 0～1023 的一个整数)。

电位器控制三色 LED 灯显示不同颜色. mp4(25.7MB)

3. 电位器控制舵机转动

(1) 将图 7-9 所示电路中的三色 LED 灯及电阻和导线拆除，使用导线把舵机的控制线(标有三角形标记的接口)连接到电路板 D5(GPIO14)接口，电源线(中间接口)连接到面包板电源总线正极，接地线连接到面包板电源总线负极。电路连接如图 7-10 所示。

图 7-10 电位器控制舵机转动电路连接图

(2) 在新建的 Arduino 程序窗口中输入以下代码。

```
#include <Servo.h>
int trim = 0;                          //定义电位器连接的模拟接口号
int val = 0;
Servo myservo;                         //创建一个舵机控制类
int pos = 0;
void setup(){
  Serial.begin(115200);
  myservo.attach(14);                  //连接舵机到 14 号数字口
}
void loop(){
  val = analogRead(trim);              //获取电位器输出值
  Serial.println(val);                 //从串口输出可以观察当前值
  pos = map(val,0,1023,0,180);         //将读到的模拟值 0～1023 映射为 0°～180°
  myservo.write(pos);                  //舵机转动到相应角度
  delay(100);                          //延时一段时间让舵机转动到对应位置
}
```

(3) 将连接到电路板的 USB 线缆插入计算机，待程序上传成功后旋转电位器按钮，观察舵机旋转角度的变化，也可打开串口监视器观察当前电位器的输出值。

该实践项目的结果：随着转动电位器按钮，从串口监视器可查看到电位器输出值在 0～1023 之间变化，同时舵机的指向角度也随之在 0°～180°范围内改变。舵机在物联网领域有非常广泛的用途，可以作为机器人手臂的控制器，也可以作为摄像头的底座来使用。

电位器控制舵机转动.mp4(26.5MB)

7.6　实践项目 11：丰富的声音

7.6.1　实践项目目的

通过本实践项目，熟悉光敏电阻的工作原理、应用场景及安装使用过程，掌握在 Arduino 项目中获取光敏电阻输出值的方法，并能使用光敏电阻及不同欧姆值的电阻使蜂鸣器产生丰富的声音效果。

7.6.2　实践项目要求

(1) 使用 ESP 8266 电路板、光敏电阻(如图 7-11 所示)、蜂鸣器(如图 7-12 所示)、电阻和导线搭建电路，并编写相应 Arduino 程序代码，实现通过改变照射到光敏电阻的光线强度使蜂鸣器发出不同声音的效果。

图 7-11　光敏电阻

图 7-12　蜂鸣器

(2) 将图 7-11 所示的光敏电阻换成开关关闭，并添加电阻及导线，修改代码，通过不同的电阻组合使蜂鸣器发出不同频率的声音，模拟电子琴的几个音阶。

7.6.3　实践项目过程

1. 光敏电阻控制蜂鸣器声音

(1) 使用导线分别连接面包板的电源总线正极和负极到电路板的 3V3 与 GND 接口。将一个光敏电阻放置在面包板上，注意两个引脚必须在不同的行上，其中一个引脚使用导线连接到电路板 A0 接口，并使用一个 1kΩ 电阻连接到面包板电源总线负极，另两个引脚使用导线连接到面包板电源总线正极。放置一个蜂鸣器在面包板上，其两个引脚横跨在面包板中间小沟上，其中标注了正极符号的引脚使用导线连接到电路板的 D8 (GPIO15)接口，另一个引脚使用导线连接到面包板电源总线负极。电路连接如图 7-13 所示。

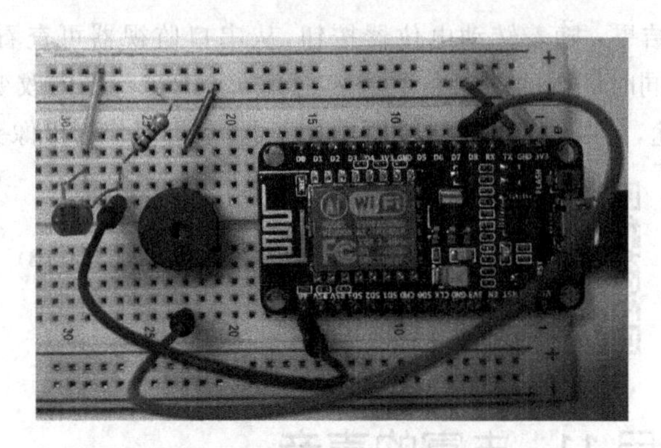

图 7-13 光敏电阻控制蜂鸣器声音电路连接图

(2) 在新建的 Arduino 程序窗口中输入以下代码。

```
int sensorValue;                                    //定义变量,用于存储光敏电阻输出的模拟值
void setup() {
  Serial.begin(115200);
}
void loop() {
  sensorValue = analogRead(A0);                     //获取光敏电阻输出的模拟值
  int pitch = map(sensorValue,0,1023,50,4000);   //将输出值变换到 50～4000Hz 的频率范围
  Serial.println(pitch);                            //在串口监视器中换行输出当前蜂鸣器声音频率值
  tone(15,pitch,20);                                //在连接了蜂鸣器的 D8(GPIO15)接口发出声音
  delay(10);
}
```

(3) 将连接到电路板的 USB 线缆插入计算机,待程序上传成功后蜂鸣器会发出声音。用手掌在光敏电阻上方移动,蜂鸣器的声音会随之改变,同时在串口监视器中可查看到当前蜂鸣器发出的声音的频率。

光敏电阻控制蜂鸣器声音.mp4(32.2MB)

2. 开关控制蜂鸣器声音

(1) 将图 7-13 所示电路中的光敏电阻及其导线拆除,放置 4 个开关在面包板上,使用 3 根导线将它们其中的一个引脚连接起来,形成电阻阶梯。将靠近蜂鸣器开关的空引脚连接到面包板电源总线正极,分别使用 1kΩ 和 10kΩ 的电阻(也可使用其他电阻值的电阻,不相同即可)将另外 3 个开关的空引脚连接到面包板电源总线正极。使用导线将离蜂鸣器最远开关的交汇点引脚连接到电路板 A0 接口,并使用一个 1kΩ 电阻将其连接到面包板电源总线负极。电路连接如图 7-14 所示。

(2) 在新建的 Arduino 程序窗口中输入以下代码。

图 7-14　开关控制蜂鸣器声音电路连接图

```
//定义数组,分别存储中音哆来咪发的声音频率
int notes[] = {262,294,330,349};
void setup() {
  Serial.begin(115200);
}
void loop() {
  //定义变量,存储 A0 口获取到的不同电阻的输出值
  int keyVal = analogRead(A0);
  //通过串口监视器输出获取到的值
  Serial.println(keyVal);
  //当按下第一个按钮时会输出一个值,这个值可能会有波动,于是便定义一个小的范围来表
  //示它
  if(keyVal >= 485&&keyVal <= 495){ //此处的值一定要根据串口监视器查看到的值进行修改
    tone(15,notes[0]);              //使连接在 D8(GPIO15)接口的蜂鸣器发出哆的音
    delay(10);
  }
  else if(keyVal >= 497&&keyVal <= 507){
    tone(15,notes[1]);
    delay(10);
  }
  else if(keyVal >= 80&&keyVal <= 90){
    tone(15,notes[2]);
    delay(10);
  }
  else if(keyVal >= 980&&keyVal <= 990){
    tone(15,notes[3]);
    delay(10);
  }
  else{
    noTone(15);                     //不发音
  }
}
```

(3) 将连接到电路板的 USB 线缆插入计算机,待程序上传成功后分别按下 4 个开

关，聆听蜂鸣器发出的声音。注意务必打开串口监视器，观察依次按下不同开关时的输出值，并将程序代码中对应的数值进行修改，然后再次上传程序。

该实践项目的结果：按下离蜂鸣器最远的一个开关，蜂鸣器发出中音C(哆)的声音，依次按下开关，会依次发出中音D、E、F(来、咪、发)的声音，模拟电子琴的几个音阶。还可以尝试同时按下多个开关，并在程序代码中添加更多的声音频率输出，以模拟更多的音阶。

开关控制蜂鸣器声音.mp4(49.1MB)

7.7 实践项目12：倾斜开关应用

7.7.1 实践项目目的

通过本实践项目，熟悉倾斜开关的工作原理、应用场景及安装使用过程，掌握在Arduino项目中通过倾斜开关控制LED灯的方法，并能使用倾斜开关制作一个简易计时器。

7.7.2 实践项目要求

(1) 使用ESP 8266电路板、倾斜开关(如图7-15所示)、LED灯、电阻和导线搭建电路，并编写相应Arduino程序代码，实现通过倾斜开关控制LED灯点亮和熄灭的效果。

(2) 在第(1)步中再添加3盏LED灯及相应的电阻和导线，修改代码，通过定时依次点亮LED灯的方式进行模拟计时，全部LED灯点亮后闪烁所有LED灯表示计时结束，在任何情况下实现通过改变倾斜开关状态重新开始计时。

图7-15 倾斜开关

7.7.3 实践项目过程

1. 倾斜开关控制LED灯

(1) 使用导线分别连接面包板的电源总线正极和负极到电路板的3V3与GND接口。放置一个倾斜开关在面包板上，其中负极(标注了“-”的引脚)连接到面包板电源总线负极，正极(中间引脚)连接到面包板电源总线正极，标注了S的引脚连接到电路板D8(GPIO15)接口。放置一盏LED灯在面包板上，正极连接到电路板D0(GPIO16)接口，负极通过一个1kΩ电阻连接到面包板电源总线负极。电路连接如图7-16所示。

图 7-16　倾斜开关控制 LED 灯电路连接图

(2) 在新建的 Arduino 程序窗口中输入以下代码。

```
void setup() {
  pinMode(15,INPUT);                    //设置倾斜开关连接的端口为输入
  pinMode(16,OUTPUT);                   //数值 LED 灯连接的端口为输出
}
void loop() {
  int switchState = digitalRead(15);    //读取倾斜开关的状态
  if(switchState) {                     //当倾斜开关打开时,点亮 LED 灯
    digitalWrite(16,HIGH);
  }
  else {
    digitalWrite(16,LOW);
  }
}
```

(3) 将连接到电路板的 USB 线缆插入计算机,待程序上传成功后观察 LED 灯的状态。

该实践项目的结果：当接通电源时,LED 灯点亮；当将面包板倾斜(使倾斜开关的倾斜角度超过 17°)时,LED 灯熄灭。

倾斜开关控制 LED 灯.mp4(25.8MB)

2. 倾斜开关制作计时器

(1) 将图 7-16 所示电路中的 LED 及其电阻和导线拆除。放置 4 盏 LED 灯在面包板上,负极各使用一个 1kΩ 电阻连接到总线负极,正极分别使用导线连接到电路板的 D3(GPIO0)、TX(GPIO1)、D4(GPIO2)及 RX(GPIO3)接口,注意接口的顺序和灯的排列顺序需要一致,否则依次亮起的灯将不是按顺序点亮。电路连接如图 7-17 所示。

图 7-17　倾斜开关制作计时器电路连接图

(2) 在新建的 Arduino 程序窗口中输入以下代码。

```
const int switchPin = 15;                    //常量,保存倾斜开关连接端口
unsigned long previousTime = 0;              //定义长整型正数,初始值为 0,用于保存毫秒时间
int switchState = 0;                         //存储倾斜开关当前的状态
int prevSwitchState = 0;                     //存储倾斜开关状态变化之前的状态
int led = 0;                                 //存储 LED 灯的接口号
long interval = 1000;                        //设置点亮灯的时间间隔
void setup() {
  for(int i = 0;i < 4;i++){                  //初始化 LED 灯各接口为输出
    pinMode(i,OUTPUT);
  }
  pinMode(switchPin,INPUT);                  //初始化倾斜开关接口为输入
}
void loop() {
  unsigned long currentTime = millis();        //记录自程序启动以来经过的毫秒时间
  if(currentTime - previousTime > interval){   //当经过的时间超过了设定的时间间隔
    previousTime = currentTime;                //将初始时间数设为当前经过的时间数
    digitalWrite(led,HIGH);                    //点亮 1 盏 LED 灯
    led++;                                     //通过 led 变量值的变化控制点亮哪盏灯
  }
  if(led >= 4){                                //当所有的灯都被点亮后
    for(int i = 0;i < 4;i++){                  //依次熄灭所有灯
      digitalWrite(i,LOW);
      delay(80);
    }
    for(int i = 0;i < 4;i++){                  //依次点亮所有灯,实现灯光闪烁的效果
      digitalWrite(i,HIGH);
      delay(80);
    }
  }
  switchState = digitalRead(switchPin);        //读取倾斜开关状态
```

```
    if(switchState!= prevSwitchState){          //若倾斜开关状态发生改变
      for(int i = 0;i < 4;i++){                 //熄灭所有灯
        digitalWrite(i,LOW);
      }
      led = 0;                                  //重置变量
      previousTime = currentTime;               //从当前时间值开始重新计时
    }
    //此句表示倾斜开关状态改变后立即重新计时,若注释该语句,则需要恢复倾斜开关为初始状
    //态才会重新计时
    prevSwitchState = switchState;
}
```

(3) 将连接到电路板的 USB 线缆插入计算机,待程序上传成功后观察 LED 灯的状态。

该实践项目的结果:当接通电源 1s 后,第 1 盏 LED 灯亮起,1s 后第 2 盏 LED 灯亮起,直到 4 盏 LED 灯全部亮起后,所有灯交替持续闪烁。当将倾斜开关倾斜时,LED 灯全部熄灭,并重新开始计时。

倾斜开关制作计时器.mp4(24.7MB)

7.8　实践项目 13:LCD 应用

7.8.1　实践项目目的

通过本实践项目,熟悉 LCD 的工作原理、应用场景及安装使用过程,掌握在 Arduino 项目中使用 LCD 屏幕输出字符的方法,并能使用电位器、倾斜开关等控制 LCD 屏幕对比度及显示内容等。

7.8.2　实践项目要求

(1) 使用 ESP 8266 电路板、LCD1602(如图 7-18 所示,它可以显示两行,每行显示 16 个字符)、供电模块(实践项目 5 中使用过的可以输出 3.3V 或 5V 电源的模块)和导线搭建电路,并编写相应 Arduino 程序代码,实现在 LCD 屏幕上输出显示字符信息的效果。

图 7-18　LCD1602

(2) 在第(1)步中添加一个电位器和一个倾斜开关,并使用导线搭建电路。修改代码,实现通过电位器调节 LCD 屏幕对比度、通过改变倾斜开关状态改变 LCD 屏幕输出内容的效果。

7.8.3 实践项目过程

1. 在LCD上输出字符信息

(1) 放置一个供电模块在面包板上，设置其中一侧电源输出为5V，另一侧输出电源为OFF。分别使用两组各6根公母线（公头插入面包板，母头接在LCD上）连接LCD1602的各引脚，具体接法如下。

- LCD上标注VSS的1号引脚连接到面包板5V电源总线负极。
- 标注VDD的2号引脚连接到面包板5V电源总线正极。
- 标注V0的3号引脚连接到面包板5V电源总线负极。
- 标注RS的4号引脚连接到电路板D6(GPIO12)接口。
- 标注RW的5号引脚连接到面包板5V电源总线负极。
- 标注E的6号引脚连接到电路板D5(GPIO14)接口。
- 标注D4的11号引脚连接到电路板D1(GPIO5)接口。
- 标注D5的12号引脚连接到电路板D2(GPIO4)接口。
- 标注D6的13号引脚连接到电路板RX(GPIO3)接口。
- 标注D7的14号引脚连接到电路板D4(GPIO2)接口。
- 标注A的15号引脚连接到面包板5V电源总线正极。
- 标注K的16号引脚连接到面包板5V电源总线负极。

电路连接如图7-19所示。

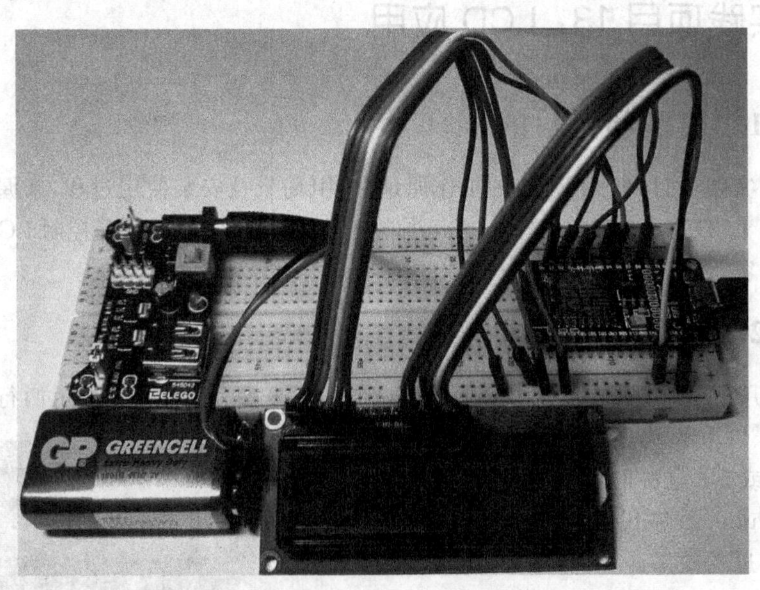

图7-19 在LCD上输出字符信息电路连接图

(2) 在新建的Arduino程序窗口中输入以下代码。

```
#include <LiquidCrystal.h>
```

```
//定义 LCD 上各引脚连接的电路板接口号,下面括号内数字分别对应 LCD 引脚(RS,E,D4,D5,D6,D7)
LiquidCrystal lcd(12,14,5,4,3,2);
void setup() {
  lcd.begin(16,2);              //LCD 显示每行 16 个字符,共两行,与物理设备相同
  lcd.print("Hello World");     //在第一行输出字符
}
void loop() {
  lcd.setCursor(0,1);           //光标定位到第一行的第一个字符
  lcd.print(millis()/1000);     //每秒输出当前秒数,即每秒加 1 显示一个数字
}
```

(3) 将连接到电路板的 USB 线缆插入计算机，打开供电模块电源，待程序上传成功后，观察 LCD 屏幕的输出内容。

该实践项目的结果：LCD 屏幕第一行显示文字 Hello World，第二行显示数字，从 0 开始每秒加 1。若 LCD 屏幕没有显示字符或显示乱码，可拔下 USB 线缆重新插入计算机；若显示的是一行小方块，可以尝试将供电模块去除，改由电路板的 3.3V 电源供电(此时 LCD 屏幕的亮度会有所降低)。

在 LCD 上输出字符信息.mp4(20.7MB)

2. 电位器和倾斜开关控制 LCD 屏幕对比度与显示内容

(1) 使用导线分别连接面包板(供电模块未输出电源的一侧)电源总线正极和负极到电路板的 3V3 与 GND 接口。放置一个倾斜开关在面包板上，其中负极(标注了"－"的引脚)连接到面包板 3.3V 电源总线负极，正极(中间引脚)连接到面包板 3.3V 电源总线正极，标注了 S 的引脚连接到电路板 D8(GPIO15)接口。放置一个电位器在面包板上，负极(标注了数字 1)连接到面包板 3.3V 电源总线负极，正极(标注了数字 3)连接到面包板 3.3V 电源总线正极。将插入 LCD 的 V0(即 3 号)引脚的导线另一端(原连接到面包板 5V 电源负极总线)连接到电位器中间引脚，电路连接如图 7-20 所示。

(2) 在新建的 Arduino 程序窗口中输入以下代码。

```
#include <LiquidCrystal.h>
LiquidCrystal lcd(12,14,5,4,3,2);
const int switchPin = 15;         //定义倾斜开关连接的电路板端口号
int switchState = 0;              //存储倾斜开关当前状态
int prevSwitchState = 0;          //存储倾斜开关状态改变前的状态
int reply;                        //存储一个随机数字,用于输出要显示的内容
void setup() {
  lcd.begin(16,2);
  pinMode(switchPin,INPUT);
  lcd.print("Ask the");
```

图 7-20　电位器和倾斜开关控制 LCD 屏幕对比度与显示内容电路连接图

```
    lcd.setCursor(0,1);
    lcd.print("Crystal Ball");
  }
  void loop() {
    switchState = digitalRead(switchPin);
    if(switchState!= prevSwitchState){   //当倾斜开关状态改变时执行下述代码
      if(switchState == LOW){
        reply = random(8);               //产生 0～7(含)的随机整数
        lcd.clear();                     //清除 LCD 屏幕内容
        lcd.setCursor(0,0);
        lcd.print("The ball says:");
        lcd.setCursor(0,1);
        switch(reply){                   //根据随机数的值确定要输出的字符内容
          case 0:
            lcd.print("Yes");
            break;
          case 1:
            lcd.print("Most likely");
            break;
          case 2:
            lcd.print("Certainly");
            break;
          case 3:
            lcd.print("Outlook good");
            break;
          case 4:
            lcd.print("Unsure");
```

```
            break;
        case 5:
            lcd.print("Ask again");
            break;
        case 6:
            lcd.print("Doubtful");
            break;
        case 7:
            lcd.print("No");
            break;
        }
      }
    }
  prevSwitchState = switchState;
}
```

(3) 将连接到电路板的 USB 线缆插入计算机,打开供电模块电源,待程序上传成功后,观察 LCD 屏幕的输出内容。

该实践项目的结果：LCD 屏幕第一行显示文字 Ask the,第二行显示文字 Crystal Ball；旋转电位器的按钮,可改变 LCD 屏幕的对比度；改变倾斜开关的状态,LCD 屏幕第一行显示文字 The ball says:,第二行随机显示 Yes、No 等共 8 种文字(具体内容可在代码中进行修改,也可更改预设显示内容个数)。

若 LCD 屏幕没有显示字符或显示的是乱码,可拔下 USB 线缆重新插入计算机；若显示的是一行小方块,可以尝试将供电模块去除,改由电路板的 3.3V 电源供电(此时 LCD 屏幕的亮度会有所降低)。

电位器和倾斜开关控制 LCD 屏幕对比度与显示内容.mp4(27.0MB)

7.9 实践项目 14：灯光的自动开关

7.9.1 实践项目目的

通过本实践项目,熟悉常见楼道灯光的自动开关方式,掌握在 Arduino 项目中使用话筒(声音)传感器实现声控灯,使用人体红外感应传感器实现感应灯,使用触摸传感器实现触摸灯的方法。

7.9.2 实践项目要求

(1) 使用 ESP 8266 电路板、话筒(声音)传感器(如图 7-21 所示)、LED、电阻和导线搭建电路,并编写相应 Arduino 程序代码,实现通过声音控制 LED 灯点亮,一段时间后自动熄灭的效果,模拟现实生活中的声控灯。

(2) 将第(1)步中的话筒(声音)传感器拆除,添加一个人体红外感应传感器(如图 7-22 所示),并使用导线搭建电路。修改代码,实现人(动物)进入红外感应区域时 LED 灯点亮,离开一段时间后自动熄灭的效果,模拟现实生活中的感应灯。

(3) 将第(2)步中的人体红外感应传感器拆除,添加一个触摸传感器(如图 7-23 所示),并使用导线搭建电路。修改代码,实现触摸传感器感应区域时 LED 灯点亮,一段时间后自动熄灭的效果,模拟现实生活中的触摸灯。

图 7-21 话筒(声音)传感器

图 7-22 人体红外感应传感器

图 7-23 触摸传感器

7.9.3 实践项目过程

1. 声控灯

(1) 使用导线分别连接面包板的电源总线正极和负极到电路板的 3V3 与 GND 接口。放置一个话筒(声音)传感器(注意不是高感度声音传感器,采集声音的头部区域较高感度声音传感器的小)在面包板上,分别使用导线将传感器的正极(+)和负极(GND)引脚连接到面包板电源总线正极与负极,A0 引脚连接到电路板 A0 接口,D0 引脚无须接线。在面包板上放置一盏 LED 灯,正极使用导线连接到电路板 D2(GPIO4)接口,负极通过一个 1kΩ 电阻连接到面包板电源总线负极。电路连接如图 7-24 所示。

(2) 在新建的 Arduino 程序窗口中输入以下代码。

```
int soundPin = 0;                              //声音传感器接到 A0
int ledPin = 4;                                //LED 灯接到 D2(GPIO4)
void setup() {
  pinMode(ledPin, OUTPUT);
  Serial.begin(115200);                        //用于调试时查看当前的声音值
}
void loop(){
  int soundState = analogRead(soundPin);       //读取声音传感器的值
  Serial.println(soundState);                  //串口监视器输出声音传感器的值
  //如果声音值大于 100,亮灯,并持续 5s,否则关灯
  if (soundState > 100) {
    digitalWrite(ledPin, HIGH);
    delay(5000);
  }
  else{
```

图 7-24　声控灯电路连接图

```
    digitalWrite(ledPin, LOW);
  }
}
```

(3) 将连接到电路板的 USB 线缆插入计算机，待程序上传成功后打开串口监视器，通过在话筒(声音)传感器附近发出声音，观察串口监视器输出值(根据观察到的数值情况修改程序中的阈值并重新上传程序)及 LED 灯的变化。

该实践项目的结果：接通电源时 LED 灯熄灭，在话筒(声音)传感器附近发出声音后 LED 灯点亮，5s 后自动熄灭。

声控灯.mp4(45.5MB)

2. 人体红外感应灯

(1) 将图 7-24 所示电路中的话筒(声音)传感器拆除，使用一个人体红外感应传感器，分别使用公母线将传感器的正极(VCC)和负极(GND)引脚连接到面包板电源总线正极与负极，输出(OUT)引脚连接到电路板 D2(GPIO4)接口。将面包板上 LED 灯的正极使用导线连接到电路板 D1(GPIO5)接口，其他线路不变。电路连接如图 7-25 所示。

(2) 在新建的 Arduino 程序窗口中输入以下代码。

```
int sensorPin = 4;                                //红外传感器接到 D2(GPIO4)
int ledPin = 5;                                   //LED 灯正极接到 D1(GPIO5)
void setup(){
  pinMode(ledPin,OUTPUT);                         //设置 LED 灯接口为输出状态
  Serial.begin(115200);
}
```

图 7-25 人体红外感应灯电路连接图

```
void loop(){
  int val = digitalRead(sensorPin);        //定义参数存储人体红外传感器读到的状态
  Serial.println(val);
  if(val == 1){                            //如果检测到有动物运动(在检测范围内),亮灯 5s
    digitalWrite(ledPin,HIGH);
    delay(5000);
  }
  else{
    digitalWrite(ledPin,LOW);
  }
}
```

(3) 将连接到电路板的 USB 线缆插入计算机,待程序上传成功后打开串口监视器,通过在人体红外感应传感器附近移动身体,观察串口监视器输出值及 LED 灯的变化。注意该传感器在接通电源后有 1min 左右的初始化过程,这期间 LED 灯会闪烁几次,可能无法出现预期的结果。

该实践项目的结果:接通电源时传感器自动检测是否有人(动物)在感应范围内移动,若有则 LED 灯点亮,若持续 5s 没有,则自动熄灭。人体红外感应传感器上有两个旋钮,一个是调节感应距离,一个是调节持续时间,若没有出现预想的结果,则可通过旋转这两个旋钮改变传感器灵敏度。

人体红外感应灯.mp4(20.7MB)

3. 触摸灯

(1) 将图 7-25 所示电路中的人体红外传感器拆除,在面包板上放置一个触摸传感器,分别使用导线将传感器的正极(VCC)和负极(GND)引脚连接到面包板电源总线正极与负极，信号（SIG）引脚连接到电路板 D2（GPIO4）接口，其他线路不变。电路连接如图 7-26 所示。

图 7-26　触摸灯电路连接图

（2）在新建的 Arduino 程序窗口中输入以下代码。

```
int switchPin = 4;                          //触摸传感器接到 D2(GPIO4)
int ledPin = 5;
void setup(){
  pinMode(ledPin,OUTPUT);
  Serial.begin(115200);
}
void loop(){
  int val = digitalRead(switchPin);         //定义参数存储触摸传感器读到的状态
  Serial.println(val);
  if(val == 1){                             //如果检测到触摸,亮灯 5s
    digitalWrite(ledPin,HIGH);
    delay(5000);
  }
  else{
    digitalWrite(ledPin,LOW);
  }
}
```

（3）将连接到电路板的 USB 线缆插入计算机，待程序上传成功后打开串口监视器，通过在触摸传感器感应区域观察串口监视器输出值及 LED 灯的变化。

该实践项目的结果：接通电源时 LED 灯熄灭，触摸传感器感应区域后 LED 灯点亮，5s 后自动熄灭。

触摸灯.mp4(15.9MB)

本章小结

物联网是互联网的延伸，虽然发展时间不长，但在生活中有许多运用的地方，是推进未来智慧城市的重要技术。物联网技术的运用遍及智能交通、环境保护、政府工作、公共安全、平安家居、智能消防、工业监测、环境监测、路灯照明管控、景观照明管控、楼宇照明管控、广场照明管控、老人护理、个人健康、花卉栽培、水系监测、食品溯源等多个领域。物联网将是下一个推动世界高速发展的“重要生产力”，可以提高经济效益，大大节约成本，也可以为全球经济的复苏提供技术动力。

习题与思考

(1) 智能交通的定义是什么？

(2) 简述利用重力传感器测速的过程。

(3) 智能家居的设计原则有哪些？

(4) 谈一谈你觉得物联网能在哪个领域中有更好的发展。

参考文献

[1] 张起贵，等. 物联网技术与应用[M]. 北京：电子工业出版社，2015.
[2] 卢建军. 物联网概论[M]. 北京：中国铁道出版社，2011.
[3] 鄂旭. 物联网概论[M]. 北京：清华大学出版社，2015.
[4] 李向文. 欧、美、日韩及我国的物联网发展战略——物联网的全球发展行动[J]. 射频世界，2010(3)：49-53.
[5] 吴帅. 我国物联网的发展现状与策略[J]. 科技创业月刊，2010，23(5).
[6] 李野，王晶波，董利波，等. 物联网在智能交通中的应用研究[J]. 移动通信，2010(15).